LA BIOLOGÍA APRIETA PERO NO AHOGA

TAMARA PAZOS @PUTAMEN_T

LA BIOLOGÍA APRIETA PERO NO AHOGA

POR QUÉ LA NATURALEZA NOS CONDICIONA COMO SERES HUMANOS

PAIDÓS

1.ª edición, mayo de 2022
5.ª impresión, marzo de 2026

Paidós es un sello editorial de Editorial Planeta, S. A.
Avda. Diagonal, 662-664
08034 Barcelona, España
www.paidos.com
www.planetadelibros.com

ISBN: 978-84-493-3939-4
Fotocomposición: Pleca Digital, S. L. U.
Depósito legal: B. 6.361-2022

Impreso en España - *Printed in Spain*

SUMARIO

INTRODUCCIÓN. VIAJE DE IDA Y VUELTA

Hola a todos, todas, todes, tod@s y todxs. En este libro pretendo que salgamos del análisis social aparentemente colectivo que busca representar los intereses e identidades de todas las personas, pero que realmente es individual. Esto no quiere decir que sea negativo, pero dista mucho de entendernos verdaderamente como un conjunto, como una especie.

Quiero que hagamos un viaje de ida y vuelta como Bilbo Bolsón, de Bolsón Cerrado, pero de mente abierta. Y yo me uno al viaje; me hace falta.

Pretendo que dejemos atrás la mirada antropocentrista, que observemos lo que nos rodea y que volvamos a recorrer el camino andado. Como cualquier otra experiencia, este viaje puede cambiar algo en nosotros o no, pero ante todo intentaré que lo disfrutemos.

No es que le tenga manía a nuestra visión del mundo y quiera cambiarla, es más, ni siquiera debería decir «nuestra» ya que cada uno tiene la suya, pero sí es cierto que a lo largo de mi corta vida me he topado con más de un individuo que aseguraba ser conocedor de la verdad absoluta. Yo misma padecí este síndrome, descrito por Dunning-Kruger (figura 1). Él lo ilustró en esta curva donde observamos la evolución de lo que una persona cree que sabe sobre algo frente a lo que realmente sabe. Cuando entramos en contacto con un tema creemos saber mucho;

sin embargo, cuanto más nos informamos más conscientes somos de todo lo que nos queda por saber y nunca volvemos a llegar a ese grado de arrogancia. Porque eso es lo que es: arrogancia.

Cuantas más cosas estudias, lees y aprendes, más veces te enfrentas a esta curva al ir descubriendo que, en realidad, no sabes nada de nada.

Por todo esto, yo asumo mi ignorancia e intento alejarme de verdades absolutas. Estas nos llevan a falacias, argumentos que parecen válidos pero que no lo son. A mí como bióloga, las falacias que más me tocan las narices son las naturalistas, aquellas que asumen que todo lo natural es mejor por el hecho de ser natural. No sé por dónde coger esto.

Uno de mis jefes, Sergio, me enseñó cómo luchar contra esta falacia con un simple argumento: «El veneno es natural». Siempre lo recordaré y no le faltaba razón. Mi contribución a la lucha contra las falacias naturalistas empieza con una simple pregunta: ¿sabemos realmente qué es natural?

Podrías asumir que yo, siendo bióloga, sí debería saberlo ya que la biología es por definición la ciencia que estudia los procesos de la naturaleza. Sin embargo, te confieso que no tengo ni idea.

La ciencia es una rama del saber que exige objetividad frente a aquello que trata de medir. El problema de esto es que

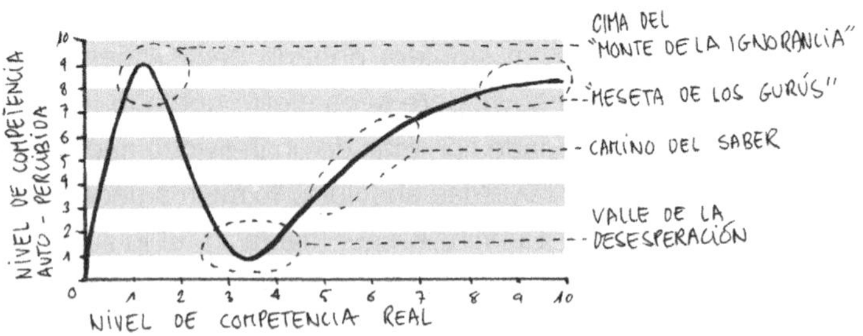

Figura 1. Representación gráfica del llamado efecto Dunning-Kruger

para medir tenemos que categorizar y, ¡ay, amigo!, las categorías ¡qué daño hacen!

¿Por qué?

Porque nos perdemos cosas.

Si trato de clasificar toda la ropa que tengo en dos grupos, verano e invierno, las prendas que utilizo todo el año o no formarán parte de ninguna de esas dos categorías o pertenecerán a ambas, según el criterio del observador.

Esto pasa constantemente en el estudio de la naturaleza, hasta el punto de que ni siquiera existe un consenso en la definición de «especie». Es más, hemos creado distintas categorías dentro del concepto de especie (especie evolutiva, especie filogenética, especie biológica, especie ecológica, etc.).

Aquí romperé una lanza en favor de la ciencia, ya que las personas que investigan son conscientes de que esas categorías son virtuales, de que hay que trabajar con las excepciones y que los márgenes de las mismas son difusos.

El problema surge cuando la ciencia cae en manos de una sociedad que blinda las categorías, los porcentajes y los datos, y estos pasan a convertirse en látigos para azotar a colectivos sociales o formar parte de agendas políticas.

¿Por qué ocurre esto?

Al ser humano, en concreto a nuestro cerebro, le encanta categorizar. Al margen de intereses económicos o políticos, las categorías nos ayudan a hacer predicciones de lo que puede ocurrir y cuando acertamos, el *gustirrinín* cerebral no tiene precio. No me voy a explayar ahora con esto, ya que te hablaré de *gustirrinín* cerebral, prejuicios y estereotipos más adelante. Así que volvamos a lo que es y a lo que no es natural.

Es interesante estudiar la naturaleza para hacer predicciones que nos ayuden a sobrevivir. Observar muchas veces un mismo fenómeno nos permite ver qué variables se repiten antes de que dicho fenómeno ocurra. Por ejemplo, estudiar a pacientes que han sufrido un accidente cardiovascular nos puede dar pistas acerca de qué factores han contribuido a que dicho accidente se produzca; sin embargo, siempre habrá algún paciente en el que no se dé ni uno solo de esos factores.

¿Quiere decir esto que su accidente cardiovascular no es natural? ¿No le afecta igual por no encajar al cien por cien en las características que la ciencia puede predecir?

Cuando hablamos de lo natural, por un lado lo entendemos como aquello que se desarrolla, valga la redundancia, por las fuerzas de la naturaleza, sin la intervención del hombre.

Sin embargo, también asociamos los productos de la agricultura (frutas, verduras y hortalizas) a lo natural, cuando lo cierto es que la agricultura es un producto de la intervención del hombre. Hasta tal punto lo es que las especies que conocemos hoy en día poco o nada tienen que ver con las que se cultivaban hace miles de años. Han sufrido procesos de selección e hibridación para ser de mayor tamaño y para adaptarse a nuestra palatabilidad.

Por otro lado, tengo la sensación de que confundimos lo natural con lo frecuente, con aquello que ocurre más veces.

Esto nos lleva a deducciones tales como que si alguien es fumador, obeso y sedentario, naturalmente tendrá un problema cardiovascular y si, por el contrario, esto le ocurre a una joven deportista, esto nos saca de nuestros esquemas de predicción, nos asusta, nos hace sentir vulnerables y pensamos incluso que es injusto.

¿Qué implica esto para el obeso, fumador y sedentario? ¿Él sí que lo merecía?

Rescatando la intervención del ser humano como medida de lo que no es natural quiero subrayar que nuestra especie es parte de la naturaleza y, debido a esto, todo y nada es natural.

Si entendemos que la naturaleza es aquello en lo que no ha intervenido la especie humana, ya no nos quedaría naturaleza.

Las categorías con las que nombramos lo natural también son creadas por el hombre, desde la etiqueta de tomate «naturalecobiososteniblegreenfriendly» hasta las categorías de raza, sexo, género, identidad y orientación sexual.

Si interiorizamos la falacia de que lo frecuente es lo natural y que lo natural es lo bueno, por contraposición construimos el razonamiento de que lo poco frecuente va *contra natura*, es decir, que es malo.

Quiero subrayar que esto son cuestiones morales, no científicas.

El caos atraviesa la naturaleza dando lugar a infinidad de realidades posibles. En el caso de la especie humana, nuestra biología puede darnos tantas combinaciones de genes como personas hay.

Habrá combinaciones más afortunadas que otras, algunas por desgracia son incompatibles con una vida saludable y próspera.

La biología puede ser muy puñetera, pero no tanto como la gente.

Tu biología puede darte ceguera permanente, pero es la sociedad la que solo usa el braille en los botones del ascensor y aún gracias. Tu raza, tu orientación sexual, tu aspecto físico o tu sexo son cuestiones biológicas, sí, son aspectos naturales estudiados por la ciencia, pero esta nunca ha de ser empleada como carta de legitimación para dar o retirar derechos a nadie y, a pesar de ello, así se usa.

Personalmente, no necesito evidencia científica que me diga que hombres y mujeres somos iguales para otorgarnos los mismos derechos. Tampoco necesito saber si la homosexualidad o la bisexualidad tienen base biológica para legitimar las realidades de esas personas.

No necesito ningún *paper* científico, porque los derechos humanos forman parte de la filosofía, no de la ciencia. Si después de más de dos mil años de estudio de esta disciplina, revoluciones y cartas de derechos humanos llevados a cabo por personas muy preparadas han llegado a la conclusión de que «todos los seres humanos nacen libres e iguales en dignidad y derechos y, dotados como están de razón y conciencia, deben comportarse fraternalmente los unos con los otros», ¿quién eres tú, José Ramón, para decir que lo que hay es mucho vicio?

En mi opinión, el estudio de la especie humana, de sus genes y de la infinita variabilidad entre individuos me parece de lo más enriquecedor. Cuanto más conozco sobre el origen de nuestras diferencias e individualidades, más refuerzo los valores que me hacen luchar por el colectivo, por unos derechos que alcanzan a todas las personas y protegen nuestra salud mental de los ataques de una sociedad excluyente.

Como ves, ya he enseñado la patita. Se podría decir, incluso, que he resumido el libro en esta introducción. Pero no creas saberlo todo, no nos pongamos en plan Dunning-Kruger o mejor dicho Dummy-Kruger. Vamos a leer esto, a ver «de qué va la movida» y luego ya hacemos juicios, ¿te parece bien? ¡Pues vamos al lío!

1

ORIGEN Y EVOLUCIÓN DE LA VIDA

Este primer capítulo me recuerda a mis primeros años en la carrera de Biología, años en los que cursaba asignaturas difícilmente aplicables a nada que me interesase.

Aquel tipo de materias, acompañadas de un estilo de docencia decimonónica en el que los profes impartían asignaturas como si estuvieran dando un sermón, me resultaban muy poco atractivas. Eran la excusa que necesitaba para alargar las horas del reparador descanso juvenil y tomarme mi tiempo para desayunar adecuadamente en la cafetería. Solo pasaban lista en la asignatura de Botánica y mi queridísimo Bruno aprendió a copiar mi firma. Así que saltarse clases no era muy complicado.

Las prácticas molaban, eso sí. Esos días hasta iba contenta a la universidad. Fardaba de bata en el laboratorio como en las películas y estrechaba lazos de amistad con los compis. Los mejores planes de cena-baile se cocían allí.

Obviamente los resultados no fueron buenos. Aprobé solo cuatro asignaturas de las diez que cursaba. Perdí mi beca y tuve que trabajar todo el verano dando clases particulares para pagarme la matrícula del año siguiente.

Esto fue un chute de motivación para el segundo curso. No porque tuviera interés en las materias, simplemente porque no quería liarla más.

El tiempo pasa volando y, de repente, ya estaba en tercero. Fue entonces cuando aparecieron materias menos abstractas y más satisfactorias para mis ansias de conocimiento. Comprendí que Matemáticas, Física, Estadística, Genética y otras tantas que en su momento me amargaban la existencia eran el peaje necesario para disfrutar de lo que se construía gracias a ellas. Hubiese sido imposible flipar en la asignatura de Bioquímica Molecular al descubrir unas levaduras «inmortales» sin haber cursado antes Bioquímica I y II.

Aborrecí y aborrezco esas asignaturas. Ir a un examen sabiendo de memoria todas las reacciones que tienen lugar en mi cuerpo desde que me como una galleta hasta que sale, ¡venga, hombre ya!

No obligaría a nadie a memorizar la lista de los reyes godos, la tabla periódica o fórmulas trigonométricas, pero eliminar la materia tampoco me parece la solución. Así que... ¡larga vida a Bioquímica I y II!

El aprendizaje se construye mediante la repetición. Aprendizaje digo, no memoria. Esta está muy bien para quien la tenga.

Si mediante la repetición de problemas de trigonometría hay chavalines que recuerdan la fórmula, pues estupendo, *chapeau*, ¡genial! Pero, en mi opinión, no es esta la finalidad de la formación académica.

Si enfocamos la educación como una inversión de tiempo y dinero, que recuperaremos cuando encontremos un trabajo, entonces sí, enseñaremos qué hay que hacer y no el porqué. Pero, si pensamos en la educación como en un crecimiento personal enfocado en la investigación, el debate y el desarrollo común, educarse pasa de ser un ejercicio individual a convertirse en una actividad colectiva. Se hace imprescindible, por tanto, entender y saber manejar con fluidez los conocimientos adquiridos por los miembros de esa comunidad que nos han precedido.

La cultura funciona como una carrera de relevos en la que cada generación coge el testigo de la anterior.

Es necesario hacer un ejercicio de humildad en cada etapa. Para ello es imprescindible dar reconocimiento a nuestros antecesores estudiando su trabajo y dándoles crédito en nuestros siguientes pasos. Esto nos convierte en levaduras inmortales. Comunidades que nunca mueren porque siguen construyendo conocimiento en conjunto, en equipo.

Pero, a pesar de ser inmortales como comunidad, alguna levadura quiere vivir aún más que el resto. Por ejemplo, a mediados del siglo xx, Rosalind Franklin postuló las bases del ADN y le sacó su primera foto. Luego llegaron los espabilados de turno, sus compis de laboratorio Watson y Crick. Utilizaron el trabajo de Rosalind sin darle crédito y pasaron a la historia como los descubridores del ADN. De ella no se acordaban ni en su casa hasta que en el siglo xxi llegaron las reivindicaciones feministas que devolvieron el protagonismo a aquellas mujeres que habían permanecido injustamente relegadas en papeles secundarios.

No nos confundamos, estos tipos eran brillantes investigadores, no les hacía falta eclipsar a nadie y, aun así, lo hicieron.

Dejando a un lado el histórico androcentrismo de la investigación, la idea de verse como una estrella en la historia de la humanidad deslumbra a cualquiera. Deja a uno miope, sin ver más allá de su propias narices, incapaz de entender la humanidad en la que quiere hacer historia.

Cuando hablo de la cultura como una carrera de relevos, me gusta pensar en esa imagen de una forma literal. Como si cada persona que investiga, escribe y enseña, avanzara metros en un camino por recorrer. ¡Por ella y por sus compas!

Un siglo y medio después del descubrimiento de Franklin, seguimos construyendo conocimiento en torno al ADN. A pesar de todo lo que sabemos acerca de la información genética, a pesar incluso de ser capaces de editar y de llegar a fusionar el ADN de organismos distintos en forma de transgénicos, parece que todavía es mucho lo que queda por descubrir. El ADN contiene gran cantidad de información cuya función aún desconocemos; casi más que aquella que entendemos y en la que somos capaces de intervenir.

Esto último no debe desalentarnos, al contrario, solo es un apunte de humildad para que nos entren más ganas de seguir corriendo.

ENTREMOS EN MATERIA

Aprovecho la mención al ADN para ponerlo en el centro de lo que voy a contar, para empezar con esa parte de información abstracta que te va a amargar la existencia, pero que dará una comprensión real y profunda a las partes más divertidas de este cuento.

Gracias a la educación, la divulgación científica e incluso películas tan épicas como *Jurassic Park*, a día de hoy, el que más y el que menos sabe qué es el ADN o le basta una breve explicación para pillar enseguida el concepto.

Hablar de ADN es sinónimo de pensar en biología, en vida. Pero la base de la vida y la naturaleza tal y como la conocemos, llena de plantas y animales, está en el carbono.

Para que entiendas cómo funciona la composición de la materia que nos compone y la que nos rodea, te voy a hacer un resumen de cuáles son las piezas de menor a mayor, como si se tratase de un bizcocho hecho de yogur, harina, azúcar y aceite, donde el yogur está compuesto de grasas, agua, proteínas y lactosa, y esa grasa a su vez está compuesta por unas moléculas y esas moléculas por unos átomos, etc.

Las piezas más pequeñas que constituyen la materia son los electrones, los protones y los neutrones. Hay investigaciones que trabajan en descomponer estas piezas para ver si hay otras aún más pequeñas, pero tú quédate con la idea de que lo más pequeñito que hay son los electrones, los protones y los neutrones. Estos tres elementos se juntan para formar un átomo, cuya representación gráfica la podemos encontrar en la introducción de la serie *The Big Bang Theory*, y los átomos constituyen los elementos de la tabla periódica. De esta forma, encontramos átomos de hidrógeno, átomos de litio, átomos de carbono, átomos de flúor, átomos de azufre, etc.

Cada uno de los elementos de la tabla periódica son átomos que se pueden unir a otros. Siento ponerte el ejemplo más básico de la *basicosidad*, pero dos átomos de hidrógeno (H) y uno de oxígeno (O) nos dan una molécula de agua (H_2O) y muchas moléculas de agua nos dan mucha agua, agua que podemos juntar con otras moléculas para constituir otros tipos de materia.

CHONPS

En el caso de la materia orgánica, la que conforma los organismos vivos, el protagonista es el carbono. Hasta que este elemento de la tabla periódica no empezó a combinarse con otros, todo lo que había en la Tierra era materia inorgánica: gases, piedras y demás.

Gracias a condiciones ambientales provocadas por rayos y retruécanos, en lo que se cree que fue un caldo idóneo, el carbono (C) se combinó con elementos como el hidrógeno (H), el oxígeno (O), el nitrógeno (N), el fósforo (P) y el azufre (S). Lo que llamábamos en clase de química CHONPS para acordarnos de aquellos compuestos que, combinados, constituyen la materia orgánica. Lo que se tira al contenedor de basura naranja o marrón, según parroquias.

Con toda esta información ya podemos hacer un viaje a una

charca de hace más de cuatro mil millones de años, una época en que la Tierra era un planeta muy hostil.

Estarás pensando que no te hace falta viajar tanto para imaginarlo, pero hace cuatro mil millones de años la hostilidad no eran los *haters*, la misoginia, el *body shaming* o la censura. Por aquel entonces no existía vida en la Tierra, solo rocas, una atmósfera llena de gases letales y alguna que otra masa de agua.

Es ahí a donde vamos, a una charca de agua en la que flotan muchos de esos átomos. Al funcionar igual que imanes que se atraen y se repelen, a medida que chocan en el agua, algunos átomos permanecen juntos. Es una cuestión totalmente azarosa, pero cuando por casualidad el choque tiene lugar entre el carbono y el resto de los CHONPS, se produce materia orgánica.

Siguiendo esa cadena de azarosos eventos a lo largo de miles de años, todas estas moléculas orgánicas empezaron a combinarse entre sí formando adenina, timina, guanina y citosina.

No hace falta que te acuerdes de ninguno de estos nombres ni de que son las bases nitrogenadas, pero yo te lo cuento igual.

Lo importante de las bases nitrogenadas es que al juntarse con algunos azúcares del ambiente dieron lugar a la primera molécula de ADN.

¡Tachán!

Esta es la información clave, entender que la aparición del ADN en la Tierra es una cuestión totalmente atribuida al azar. Un proceso de miles de años en los que hubo muchos choques de moléculas que no derivaron en la aparición de materia orgánica.

Pero un día sí, un día, después de miles de años chocando sin resultado, un par de bases nitrogenadas y azúcares (nucleótidos) se juntaron para dar lugar a una molécula más grande, una molécula de ADN ahí perdida en medio de esa charca

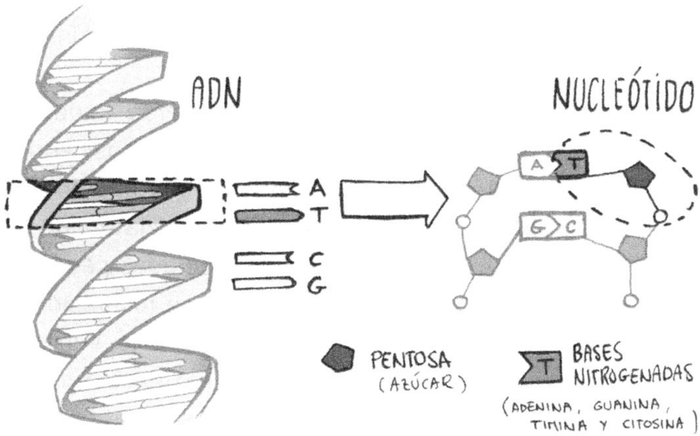

Figura 2. Estructura de ADN y nucleótidos

de agua y compuestos orgánicos en donde Cristo perdió la zapatilla.

En este punto tengo que hacerte un *disclaimer* y decir que todo apunta a que el primer material genético era ARN y no ADN (más adelante te cuento las diferencias). Además, esto fue unos miles de millones de años antes de que existiese Cristo y perdiese la dichosa zapatilla.

Como podrás deducir, el camino a la vida no terminó ahí, el material genético sumergido en ese charco continuó relacionándose con el entorno, atrayendo y repeliendo otras moléculas. Como señaló el Dr. Ian Malcolm en *Jurassic Park*, la vida se abre camino.

Ya que menciono a este personaje, necesito repasar otro concepto.

En la primera película de la saga, en una escena de flirteo con la paleontóloga Ellie Sattler, si obviamos su tono condescendiente y paternalista de *señoro* matemático, podemos dar con un concepto clave: el caos.

Ian lo explica de la siguiente forma: «Simplemente se trata

de la imprevisibilidad en sistemas complejos. Se resume en el efecto mariposa. Una mariposa bate las alas en Pekín y en Nueva York llueve en lugar de hacer sol».

Después de que, con esa explicación de mierda, la doctora se quedase como estaba, el matemático le hace unos cariños, como si ella fuese tonta y él su padre. Le echa una gota de agua en la mano y trata de que ella adivine hacia dónde irá. Repiten el experimento y observan que, debido a pequeñas variaciones en el entorno y en la propia mano (dilatación de vasos sanguíneos, orientación del vello de la mano, imperfecciones de la piel, etc.), la gota se va cada vez hacia un lado. Estas variaciones nunca se repiten y afectan mucho al resultado final, dando lugar a una gran imprevisibilidad.

Además de aprovechar la anécdota para subrayar lo molestas que son estas conductas paternalistas, me resulta imprescindible insistir una vez más en que, cuando hablamos de evolución aplicada al ADN, estamos hablando de azar, caos e imprevisibilidad.

UNA CASA PARA EL ADN

Creo que una de mis metas como bióloga es hacer entender a la gente que los seres vivos no somos más que las casas de nuestro ADN. Así que voy a empezar ya a meterte ese concepto en la cabeza.

Los animales y las plantas están tan bien hechos y están tan bien adaptados a su entorno que resulta tentador abrazar el creacionismo: creer que una mente superior, una deidad, tiene un plan y diseña a voluntad elementos de los ecosistemas que encajan perfectamente entre sí.

También te digo que, según la mirada analítica que tengas ese día, te das cuenta de que esto no tiene sentido. Hay muchos cabos sueltos.

Piensa en tu garganta. Tienes un conducto de entrada compartido para aire y comida y, por lo tanto, si un trozo de pan obstruye esa entrada demasiado tiempo te mueres.

Quiero pensar que si alguien estuviera al volante del diseño del cuerpo humano, siendo como son las funciones de respirar y comer vitales para el organismo, habría destinado un poco de presupuesto a hacer entradas separadas.

Para entender cómo el ADN se fue construyendo su propia choza hay que retomar el concepto de que las moléculas tienen la capacidad de repelerse y atraerse entre sí y, a veces, en esos choques, se producen uniones estables que forman nuevas moléculas.

¿Alguna vez has jugado con Geomag?

Si eres un milenial seguro que lo conoces. Se trata de un juego sencillo en el que hay bolas y palos imantados. Es el mejor ejemplo para explicar la formación de las moléculas: las bolas son los átomos, en este caso los CHONPS, y los palos funcionan como puentes que se establecen uniendo los átomos.

Cuando empiezas a jugar con los Geomag te das cuenta de que las opciones son casi infinitas. A una bola le puedes añadir muchos palos alrededor y, cuantos más palos añadas, más bolas pondrás en el otro extremo de cada uno multiplicando así las posibilidades de incorporar más y más piezas.

Si volvemos a esa charca de hace más de cuatro mil millones de años, podemos imaginarnos la molécula de ADN como un Geomag con muchas piezas flotando. Inevitablemente, sus elementos —las bolitas— atraían mediante enlaces a otras bolitas. De esta manera el ADN tenía capacidad de interactuar con otras proteínas del entorno.

Me veo obligada a *tripitir* que todo esto fue una cuestión de azar, pero después de miles de años y muchas interacciones

DATO CURIOSO
ARN VERSUS ADN

El ADN no es el único tipo de material genético que existe. ¡Te presento al ARN! Le recordarás de titulares como: «El SARS-CoV-2 está compuesto por ARN» o «Las vacunas de ARN mensajero pueden constituir la piedra angular de la nueva vacunología».

Las bases nitrogenadas que componen los nucleótidos del ADN son la adenina, la guanina, la citosina y la timina. Por su parte, el ARN es un tipo de material genético con las mismas bases a excepción de la timina, que es sustituida por el uracilo.

Este material genético está especializado en actuar como mensajero, es menos pesado y fácil de transportar.

El ADN por sí mismo no puede dar instrucciones a las células. Necesita el proceso en el que un trozo de su información es fotocopiado en una molécula de ARN. Esta fotocopia, que lleva solo un trocito de información concreto, sale del núcleo y da instrucciones al orgánulo celular que corresponda de hacer lo que le toca.

casuales, el ADN consiguió hacerse con una membrana protectora.

¿Cómo lo hizo?

Mediante un código genético.

Un código es un conjunto de normas y reglas. Por ejemplo, en el código morse dos puntos se traducen en una I; punto y raya, en una A y una sola raya, en una T. Son unas instrucciones que interpretamos para generar un mensaje.

Las bases nitrogenadas del ADN —la adenina, la citosina, la guanina y la timina— y las del ARN —la adenina, la citosina, la guanina y el uracilo— en este caso son como los puntos y las rayas. Según cómo se agrupen y alternen significan una cosa u otra, pero en este caso en lugar de traducirse en letras, se traducen en proteínas. Esto es lo que hace el ADN, codificar información que, cuando se traduce, da lugar a estructuras proteicas.

Para decepción de muchos tengo que subrayar que esas proteínas no aparecen de la nada, sino que se componen de aminoácidos que están cerca del ADN. El ADN atrae a los aminoácidos y estos se organizan según dicta el código genético para formar las proteínas indicadas.

Así que esas proteínas, en lugar de alejarse, permanecieron cerca del ADN atrayendo a otras moléculas orgánicas que formaron una membrana alrededor.

LAS FUNCIONES DE UN SER VIVO

El problema de las membranas es que son estructuras débiles que necesitan renovar sus elementos para no desintegrarse dejando desprotegido el ADN. Por suerte, el material genético lleva instrucciones para seguir renovando constantemente esa membrana.

Reincidiendo de nuevo en el concepto de que no podemos generar materia de la nada, es necesario extraer elementos del entorno que se incorporen a la célula, los famosos CHONPS. Estos elementos constituyen los ladrillos celulares y cuantos más logra incorporar, más éxito tendrá protegiendo el ADN del entorno.

Aparece aquí la primera función de un ser vivo: la alimentación.

Cuando comemos, ingerimos macronutrientes y micronutrientes. Los macronutrientes son los lípidos, los carbohidratos y las proteínas. Cuando comemos *pizza* cuatro quesos, metemos todo junto, a lo bestia. A riesgo también de morir ahogados por atragantamiento, como ya sabéis.

Es el sistema digestivo el que se encarga de separar todo esto hasta la unidad mínima, las moléculas. Podemos pensar en ellas como en piezas de Lego. Nos comemos un barco pirata y luego el cuerpo, con las piezas sueltas, construye lo que necesita.

En nuestro caso, el lípido de una aceituna, con hueso, *of course*, puede pasar a ser un lípido de membrana de una célula del bazo o grasa en un adipocito del michelín.

Todo esto de renovar tabiques y paredes parecía la mejor idea para cuidar el preciado ADN. Todo iba genial hasta que los mecanismos celulares de alimentación empezaron a caducar. Dejaban de incorporar CHONPS con la misma eficacia, la célula se quedaba sin alimento, las murallas se rompían y el ADN se iba al garete. Había que encontrar la forma de proteger ese material genético a toda costa.

¡Hagamos una copia!

¡Una copia con mecanismos celulares jóvenes que duren más tiempo!

Este proceso es lo que conocemos como reproducción, otra de las funciones de un ser vivo, que consiste en hacer una réplica del material genético en un recipiente joven.

Para mí fue ahí donde dio comienzo un tipo primigenio de cultura. Una carrera de relevos de información genética que pasa de células viejas a células jóvenes para sobrevivir.

La reproducción no es más que un viaje en el tiempo. El ADN busca la forma de persistir pasando de generación en generación. Para ello necesita hacer copias de sí mismo, ya que él está atado al individuo que ha creado. Gracias a la ayuda de proteínas capaces de interpretar sus instrucciones, el ADN se ha construido su propia casita.

En los individuos denominados eucariotas, esta casita tiene una habitación del pánico, un núcleo celular en el que está condensado todo el material genético, muy bien empaquetado y almacenado, alrededor del cual existen un montón de componentes que trabajan para alimentar a la célula. Algunos de esos componentes entran y salen del núcleo para preguntarle qué hacer, ya que allí está la respuesta a casi todo.

La casita que rodea al núcleo y a los orgánulos celulares que trabajan para la supervivencia del individuo es la ya mencionada membrana celular, que los protege a todos. Es la muralla que regula qué sustancias pueden entrar y cuáles no.

La aparición de la membrana celular nos lleva también al tercer requisito para ser un organismo vivo: la relación.

La membrana que decide qué entra y qué sale, a su vez, está interpretando el entorno. Está leyendo sus señales químicas y emitiendo otras en respuesta.

Además de alimentarse y reproducirse, la definición de vida implica la capacidad de relación con el entorno.

DE CÉLULAS A ORGANISMOS PLURICELULARES

Los primeros organismos vivos eran claramente unicelulares. Bastante tenían con lo que tenían como para pensar en juntarse con otros. Pero como ya hemos visto, una vez que estaba ya controlado el asunto de proteger al ADN, hacer copias y demás, se vinieron arriba y vieron que si esas copias se quedaban pegadas al organismo original podían conseguir aún más alimento en equipo.

Ciertamente, el tipo de replicación del ADN y la partición de las células para hacer organismos pluricelulares y reproducirse es distinto, pero vamos a obviar esto y a quedarnos con que las células que trabajaban juntas obtenían ciertos beneficios.

Esto ocurría en algunas especies, otras estaban bien como

estaban y evolucionaron como organismos unicelulares. Las levaduras que usamos para hacer pan o las bacterias que nos enferman son algunos de esos ejemplos.

Los organismos que sí evolucionaron en estructuras pluricelulares descubrieron las bondades de trabajar en equipo. La ventaja más importante es que las células podían especializarse. Unas podrían encargarse de la reproducción, otras de encontrar alimento y otras de excretarlo. ¡Qué faena! Estas creo que fueron las que llegaron tarde a la distribución de tareas.

Resulta fascinante pensar que una célula original, una célula madre, puede dar lugar a todo un organismo, como una semilla. Esas células tienen la capacidad de convertirse en todos los tipos de células de un organismo. Van replicándose a medida que crece el organismo y, según los estímulos que recibe cada una del entorno, se van diferenciando. Por ejemplo, si a una de esas células le toca estar en el cerebro, se convertirá en una neurona. A la que le toque estar en la boca, podrá convertirse en papila gustativa, y así ocurre con todas.

EL ADN INTERACTÚA CON EL HÁBITAT

El material genético es el que dicta cómo es el proceso en el que a partir de esas células originales se genera el resto del organismo. Tu ADN es el que determina qué células se replican, qué hormonas se producen, cuánto creces, etc.

Todo esto nos lleva al genotipo y al fenotipo. Más adelante hablaremos de ellos en detalle, pero ahora mismo solo necesito que tengamos una comprensión superficial de los mismos.

Imagina que estás montando un mueble de IKEA porque no tienes un duro para pagar un mueble de verdad. En las instrucciones de tu estantería LIVSTID está determinado cómo tiene que ser el mueble. A veces, vienen incluso instrucciones para ampliarlo y ponerle otros complementos. Esas instrucciones determinan todo lo que ese mueble puede ser. Ese es el genotipo.

Después de tu aventura de bricomaníaco utilizando ese genotipo como guía, el resultado final, el mueble, es el fenotipo.

Parece muy sencillo, sin embargo, todos sabemos que de las instrucciones al resultado final puede haber variaciones. Las instrucciones a veces no contemplan que vas a rascar el tablero por no poner una manta debajo como recomiendan, tampoco contemplan que te vas a cargar el cutrísimo contrachapado pasándote de vueltas con el tornillo o que van a sobrar cinco tacos y tres alcayatas que no parecían necesarios. Por no hablar de que, por supuesto, no tienes la más mínima intención de anclar el mueble a la pared.

Pues bien, la interacción de tu destreza con las instrucciones es lo que denominamos epigenética. Así, con unas mismas instrucciones, algunas variables pueden dar lugar a resultados diferentes.

El mejor ejemplo para entender esto es pensar que tu prima, que montó toda su casa ella solita, y tú, que no te da para hacer la o con un canuto, os ponéis a montar el mismo mueble. A pesar de tener el mismo material e idénticas instrucciones, un mismo genotipo, vuestro fenotipo final tendrá diferencias.

Esto pasa también con los gemelos monocigóticos, denominados también gemelos idénticos. Nacen con un mismo genotipo. Suelen criarse en un mismo ambiente con recursos similares, pero las pequeñas variaciones van provocando que la expresión de sus genes sea distinta. Lo que ocurrirá en este caso es que condiciones distintas en el ambiente estimularán lecturas de partes distintas del ADN.

Nuestro material genético tiene más instrucciones que una calculadora CASIO. Imagino que a mis veintinueve tacos aún puedo usar esta referencia. No sé ahora, pero hace cuatro años, cuando daba clases particulares a *nenés* pertenecientes a la generación Z, aún se usaban. Tan desactualizada no estaré.

El asunto es que solo vamos a hacer con ella sumas y restas, y a probar a ver si es de las que guardan texto que nos pueda inspirar en un examen.

¿Resulta que vas por ciencias y tienes que aprender a hacer complejas funciones matemáticas?

Pues entonces consultarás las instrucciones si no tienes un buen compañero que pringue por ti. Pero, aunque hagas la carrera de matemáticas, no vas a leerte las instrucciones enteras nunca y, si lo has hecho, házmelo saber para que pueda bloquearte en mis redes sociales.

El ADN funciona igual. En su interior hay ahí una pila de instrucciones, pero el cuerpo va leyendo las pocas que necesita y el resto las deja tranquilas. Si no se reúnen las condiciones adecuadas, nunca se leerán.

En Galicia hay una gran emisión de gas radón, vivimos rodeados de granito, qué le vamos a hacer. Se habla incluso de que los gallegos somos adictos a este gas y de que, cuando nos vamos, tenemos mono. De ahí la morriña. Como mujer con un máster en neurociencia, ni confirmo ni desmiento. Hay fantasías que es mejor dejar correr. Pero, como divulgadora, te diré que no encuentro suficiente evidencia para afirmar tal cosa.

Total, que me lío. El gas radón es cancerígeno, de eso sí tenemos evidencia.

Si una pareja de gemelas idénticas fuesen separadas dramáticamente al nacer, al más puro estilo Tú a Londres y yo a California, la presión del entorno sobre el ADN de la gallega podría estimular la lectura de partes del mismo que diesen lugar a una proliferación descontrolada de células, genes cancerígenos.

El material genético está muy empaquetado y condensado, las células van desempaquetando las partes que necesitan en cada momento y empaquetando las que no necesitan. Tenemos genes que no se van a leer nunca porque no se reunirán las condiciones ambientales para que eso ocurra. Por ejemplo, en una herida las células de la piel de esa zona activan sus genes de replicación implicados en procesos de cicatrización. Las neuronas, ante daños cerebrales, son capaces de adaptarse asimilando algunas de las funciones de las neuronas perdidas.

A pesar de tener un ADN idéntico, la londinense estaría tan *pichi* y la gallega podría desarrollar un cáncer. Posiblemente se lo merezca, por decir cosas como «Galifornia». Soy muy *brutiña*, lo sé.

Si aplicamos esto de la interacción con el ambiente a una planta, un olivo en su embrión, la semilla tendrá instrucciones para producir aceitunas. Si lo plantas en mal sitio y no tiene los aportes nutricionales adecuados, no verás una oliva ahí en tu vida. Sin embargo, si lo plantas en una tierra fértil, rodeada de olivos que permitan la polinización cruzada y demás condiciones idóneas para que tu cultivo sea muy prolífico, tu arbolito se llenará de aceitunas que puedes estropear metiéndoles anchoas por detrás. Últimamente no le veo sentido. ¡Aceitunas con hueso siempre!

Así pues, nos va quedando claro que el entorno es un factor clave para que, a pesar de tener unas instrucciones escritas, el ADN dé lugar a recipientes distintos para sí mismo según sus necesidades y estímulos ambientales.

ADAPTACIÓN AL ENTORNO

Los entornos en los que crecen los seres vivos son los ecosistemas. Ambientes donde, como en *El rey león*, se da un ciclo sin fin que lo envuelve todo. Pararé antes de continuar por *Pocahontas* y acabar revisando todo el repertorio Disney. Que me conozco y enseguida me vengo arriba entonando el «*Gran Alí, príncipe Alí, Alí Ababua. Al pasar se han de inclinar siempre ante ti. De gala se han de vestir; sultán, princesa y visir. Que el mozo es soltero y a boda me huele aquí. ¡Pam, pam, pam, pam!*».

Lo siento. Nadie estaba aquí para pararme, pero sé que sigues cantando en tu cabeza.

Ese ciclo entre materia orgánica e inorgánica se da entre las rocas, el suelo, las plantas, las bacterias que viven en sus raíces, los pájaros de las ramas, etc.

Los seres vivos interactúan con el ecosistema y con sus recursos.

Al hacer referencia a los recursos, no se habla solo de comida. Las necesidades vitales de cada especie estarán cubiertas por los elementos del entorno. Estos pueden proporcionar buenos refugios, áreas de camuflaje y protección, temperaturas adecuadas, espacios de encuentro con otros individuos, etc. Cuanto mejor se adapte una especie a ese ecosistema, tendrá más éxito explotando todos esos recursos.

Hemos visto que el ADN es el encargado de construir al individuo. En él residen las instrucciones para adaptarlo lo mejor posible a esas condiciones.

Cuando las instrucciones que dan forma a ese ser vivo están muy bien adaptadas al entorno, el individuo en cuestión sobrevivirá mejor en él. Esto equivale a decir que su material genético tendrá oportunidades de reproducirse. Solo o con otro individuo que también cuente con buenas características para lograr cierta longevidad.

A pesar de hablar de individuos, esto ocurre con comunidades enteras, con especies, que van adaptándose al ambiente. Unos individuos sobreviven y otros no, a la vez que compiten con otras especies por los mismos recursos. ¿Quién ocupará esa cueva? ¿Una familia de osos? ¿Una familia de lobos?

Es común que una especie se adapte mucho mejor que las

otras. Si dos especies de pájaros que comen nueces comparten hábitat, pero una de ellas tiene una forma de pico que les permite consumirlas con más éxito, irán tan sobradas de alimento que comenzarán a reproducirse y prosperar en ese ambiente.

Puede darse la circunstancia de que esa especie se vuelva tan prolífica que se sature el ecosistema. Demasiados pájaros para un mismo número de árboles y nueces.

Cuando esto ocurre, esa especie necesita explorar otros ambientes para conseguir más alimento. Son tantos que ya no hay para todos. El problema del cambio de ambiente, de ecosistema, es que hay que adaptarse al nuevo y ahí es donde aparece el concepto de evolución: las instrucciones de la vida, el ADN, adaptándose a las necesidades del entorno para prosperar y competir con otras especies. Lo que viene a ser la selección natural. Concepto más empleado para insultar a inconscientes que hacen cosas como *balconing* o botellones sin mascarilla que para hablar de Darwin.

SELECCIÓN NATURAL Y EVOLUCIÓN

Hoy en día ya tenemos muy claro cómo funciona la selección natural, nos parece muy evidente. Sabemos que los individuos que reúnen las características óptimas para sobrevivir en un ecosistema son aquellos que podrán reproducirse y, por lo tanto, los que logran pasar su ADN a la siguiente generación. La propia naturaleza determina quién sobrevive.

En el instituto, siendo yo una niñata de doce años, me dio la risa con el lamarckismo. Me reí de un ilustre naturalista que propuso una de las primeras teorías de la evolución. Me reí de aquello como si de enseñar creacionismo en 2021 se tratase.

Jean-Baptiste Lamarck, a principios del siglo XIX, no sabía nada del ADN. El aparato con el que Rosalind Franklin inmortalizó su estructura no estaba ni calentando para salir.

Bastante me parece que ese grandísimo naturalista y filósofo se hubiese percatado de que las características de los animales estaban muy bien emparejadas con el entorno. Jirafas con cuellos largos para llegar a las hojas altas de las ramas, su alimento preferido. Aquello no podía ser casual. También tuvo la perspicacia de observar que los hijos heredan las características de los padres.

Donde se le hizo bola el asunto fue al postular cómo se heredan dichas características. Se vino arriba y dijo que los caracteres adquiridos durante la vida de un individuo pasaban directamente a la descendencia.

Esto, dicho de forma dramática, es como si pudiéramos heredar el moreno de la playa, una herida o los musculitos que te curraste durante años de entrenamiento de fuerza. Ya sabemos que esto no funciona así.

Lamarck era creacionista, como todos en su época. Creía que las especies, tal y como las conocemos, las hizo Dios y no se hable más. Con la información que había en 1800, se dio cuenta de que aquello no iba a ninguna parte. Lo dejó y se montó su movida que, aunque equivocada, era más próxima a la realidad.

En Estados Unidos, la primera potencia mundial, cada vez que viene a visitarnos vida inteligente de otras galaxias, nuestros representantes siguen enseñando el creacionismo. Así que, ¡menos risitas con Lamarck!

Estamos ya entrando en el meollo de la evolución, y no hay nada más estimulante para evolucionar que cambiar de entorno.

Yo no he tenido la oportunidad, pero la gente habla maravillas de los Erasmus, de vivir en el extranjero y de exponerse a nuevos entornos. Estas situaciones estimulan el desarrollo de recursos que no sabías ni que tenías. Aprendes un idioma en meses, te quitas la vergüenza de un plumazo y, si estás sin un duro, adaptas tu metabolismo a vivir a base de arroz. Entornos distintos promueven, generación tras generación, la aparición de nuevas características o la lectura de partes del ADN que estaban ahí, pero que hasta ese momento no habían hecho falta. Las nuevas generaciones cada vez tienen menos parecido con la original. Esto es así hasta el punto de que una misma especie viviendo en entornos distintos durante muchas, muchas, pero que muchas generaciones, da lugar a dos especies distintas.

Entiendo que ahora surjan dudas. ¿Cómo que especies distintas? ¿No eran la misma? ¿Qué diantres es una especie?

Como fan incondicional de *Jurassic Park*, película que me hizo querer ser arqueóloga durante mucho tiempo, voy a usar a los *dinosetos* como ejemplo.

Imaginad una población de pequeños dinosaurios que viven en un entorno donde hay un montón de gusanos que constituyen su dieta básica. Esta población tiene las condiciones idóneas para sobrevivir allí. Empiezan a explotar los recursos de la zona y a reproducirse. En un par de generaciones hay muchísimos minidinosaurios viviendo allí. Tantos que ya no caben. Comienza incluso a haber conflicto entre ellos.

Parte de la población decide irse. Llegan a un entorno donde hay gusanos de los que les gustan, pero no tantos. Sin embargo, hay un montón de gusanos parecidos en las ramas de los árboles.

Es aquí donde entra en escena la fantasía de las mutaciones, momento *Xmen*.

¡Que no paren los peliculones!

Cuando se hacen copias del ADN, no siempre salen bien. Factores externos y aleatorios que intervienen en el proceso de replicación provocan la aparición de modificaciones con respecto al original. Como te decía, mutaciones.

Si la réplica del material genético no es igual a la del antecesor, el organismo que desarrolle tampoco lo será. Este azar puede dar como resultado características beneficiosas o catastróficas para el individuo que porta ese ADN.

Imagina que dos de esos minidinosaurios se reproducen, y que su descendencia tiene una mutación que impide el desarrollo de las patas. Lo más probable es que esos individuos acaben siendo la merienda de un velocirraptor, o algo así de dramático, y mueran. Pero si, por el contrario, esa mutación hace que ese individuo tenga unas patas que le permiten saltar más que sus colegas, ese dinosaurio llegará más fácilmente a los gusanos de las ramas más altas. Le va a sobrar alimento, va a fardar con el resto de los dinosaurios, va a reproducirse y a pasar esa mutación a su descendencia.

La estirpe que siga a ese dinosaurio será una muy bien adaptada a ese nuevo entorno. Dinosaurios saltimbanquis que pueden alimentarse de todos esos gusanos de las ramas, hasta el punto de diferenciarse tanto de la especie original que ya son otra especie distinta.

Cuando el hecho de saltar mucho se extienda en la población, volverá a ocurrir lo mismo. Mucho dinosaurio saltimbanqui para una población de gusanos cada vez menor. Parte de la población se irá a buscar nuevos ecosistemas, adaptándose a ellos gracias a mutaciones aleatorias beneficiosas que se van acumulando gracias a la reproducción.

Empezamos este ejemplo con una especie de minidinosaurios que se alimentaban en el suelo. Esta especie sigue adaptándose a su entorno generación tras generación, pero no desaparece. Parte de la especie original había emigrado en busca de más alimento dando lugar a la especie *saltimbanqui*.

Si echamos una mirada adelante, esta segunda especie podrá derivar en una tercera. Podrán aparecer mutaciones que den lugar a un tipo de pseudoalas que permiten llegar aún más alto para alcanzar otro tipo de gusanos. Así aparecería, a través de las generaciones y adaptaciones, una tercera especie.

Este proceso ha hecho que, desde unas moléculas sueltas de ADN en un charco, por así decirlo, fuesen apareciendo especies distintas capaces de conquistar nuevos entornos. Del agua a la tierra. De la tierra al aire.

Algunas especies incluso volvieron al agua, como es el caso de los mamíferos marinos. Estos últimos tienen antecesores terrestres en común con el resto de los mamíferos y por eso tienen pulmones y no branquias, entre otras muchas adaptaciones al medio acuático.

Pensar en evolución como algo lineal, como si lo anterior fuese peor o menos evolucionado es un error. Cada especie tiene sus necesidades. Si los *dinosetos* que comen en el suelo siguen teniendo gusanos en el suelo y están en un equilibrio con los recursos del entorno, están en condiciones idóneas para sobrevivir ahí. Una bacteria que vive en nuestra piel está tan evolucionada como nosotros. Ambas especies llegaron al siglo XXI, cada una adaptada a su entorno y necesidades. Me atrevo a decir incluso que la bacteria está más adaptada que nosotros, ya que no necesita ni yoga, ni detox ni flores de Bach.

AL ADN LE DAMOS IGUAL

Un concepto verdaderamente traumático es que a nuestro propio ADN le damos exactamente igual. A veces, cuando hablan de que Dios aprieta pero no ahoga, pienso en nuestro material genético. Él nos crea, tiene las instrucciones de lo que vamos a ser y según cómo ve el asunto en nuestro ambiente va tomando decisiones de qué instrucciones usa y cómo nos adaptamos.

No nos llamemos a engaño, le importa bien poco nuestro bienestar y nuestra comodidad. Solo quiere que estemos adaptados para sobrevivir. Le basta con que estemos lo suficientemente bien para poder reproducirnos.

Si el ADN hablase, te diría que sí, que le das igual: tu precariedad, tu síndrome de la impostora, tu teta izquierda más caída que la derecha, tus huevos colganderos o tu intolerancia a la lactosa se la bufan. Él, lo único que quiere es sobrevivir dentro de ti y que te reproduzcas. Que te juntes con otro individuo y que cada uno ponga su mitad de ADN para que, muy a su pesar, solo la mitad de sus genes sobrevivan. Y digo muy a su pesar porque, si nuestro ADN pudiese elegir, nos clonaría a nosotros mismos, siendo él el único superviviente. Los demás no le importan. Como diría mi amiga Ana: ¡cada palo que aguante su vela!

Insisto en que nos creemos muy guais con nuestras características como especie. Nos vemos como inteligencias superiores en la cima de no sé qué pirámide.

Realmente, en lo que al ADN respecta, hay esponjas de mar que se lo montan mejor que nosotros.

Piensa lo siguiente, si mezclo mi ADN con el de otro individuo, toda esa energía invertida en alimentarse, adaptarse al entorno y demás trámites de la existencia, tendrá como resultado final que tan solo la mitad de tu información genética pasa a la historia. Se supone que la tuya es de lo mejorcito que hay porque, al fin y al cabo, ahí estás. Quién sabe qué genes tendrá el otro individuo, al que igual le quedan dos telediarios.

La solución a esto la ejemplifican otra vez Watson y Crick, quienes tuvieron unas dilatadas carreras como investigadores. Con el trabajo de Rosalind postularon una estructura del ADN en 3D verdaderamente novedosa. Aun así, pasar a la historia compartiendo portada con ella no era una opción. Llevaron a cabo lo que sería una reproducción asexual. El 100% de la información de un individuo pasa a la siguiente generación. Al resto que le den.

REPRODUCCIÓN ASEXUAL

Yo sé que estás aquí para hablar de sexo, pero me resulta indispensable hablar antes de lo que no lo es. Hay tantos conceptos que trabajar antes de entrar en materia que, cuanto antes nos saquemos la reproducción asexual de encima, mejor.

A estas alturas ya tenemos claro en qué consiste la reproducción: en que la información genética pase de una generación a otra.

Vamos a ampliar el contenido un poco más, en plan clase avanzada. Hablemos de cómo se hacen copias del ADN para esa reproducción.

Nuestras instrucciones genéticas están compuestas por lo que se denomina estructura en doble hélice. Cada una de esas hélices está compuesta por las siguientes bases nitrogenadas encadenadas: adenina (A), guanina (G), citosina (C) y timina (T). Cuando las bases nitrogenadas se unen a un azúcar constituyen su estructura completa: los nucleótidos.

Como veíamos en la figura 2, las adeninas se juntan a las timinas de la otra cadena y las guaninas a las citosinas. Esto da lugar a cadenas complementarias, como aquel tatuaje hortera que no hay que hacerse nunca con un ex. Que ya sé que cuando os lo hicisteis erais pareja, pero bueno. Fuera como fuese acabasteis cada uno con medio corazón en la muñeca. Solo te hace falta ver una mitad para saber que por ahí andará otro tonto suelto con esa cosa tatuada.

Pues con el ADN igual. Si vemos una de las hélices, sabemos lo que hay en la otra.

Si yo veo una cadena que es TTACGCTA, sé que la otra es AATGCGAT.

Venga, que te pongo un ejercicio para que pruebes tú. Empareja los nucleótidos: las timinas con adeninas y las guaninas con citosinas.

ATCCGTATGCGATCCCCGATCGATTTCGATCGGCTAGCT

Es bastante entretenido esto de las dobles hélices. Pero basta ya con el momento sopa de letras y continuemos con la chicha del asunto.

Estos nucleótidos son información, como código morse o códigos binarios de ceros y unos.

Como explicaba antes, debido a sus cargas y a su capacidad de atracción e interacción, las distintas proteínas pueden unirse al ADN y dar lugar a diferentes reacciones.

En este caso, en el que se pretende obtener copias, lo que ocurre es lo siguiente:

- Una proteína se une al ADN y separa esa doble hélice. Como si se tratase de abrir una cremallera.
- Otras proteínas llegan y ponen una señal en ambas partes de la cremallera. Señal que será interpretada como guía para empezar a copiar esa información.
- Por último llegan las proteínas que van a llevar a cabo la gran tarea de copiar. Toman como referencia esas señales guía y empiezan a generar cadenas complementarias para ambas partes separadas. Lo hacen atrayendo a nucleótidos.

Esta es la forma básica de replicación del ADN. Si dominas algo el tema, estarás pensando que hay muchísimas más proteínas implicadas en este proceso, que no siempre ocurre igual la replicación y bla, bla, bla. Cierto, pero creo que esta sencilla explicación nos vale para continuar con lo esencial. De una única cadena, gracias a la interacción con proteínas del entorno, podemos construir más cadenas de nucleótidos tomando como referencia la original. Fin del asunto.

Cuando replicamos todo el ADN de un individuo y lo encapsulamos en uno nuevo, estamos dando lugar a una reproducción asexual. Estamos dando lugar a un individuo igual al anterior.

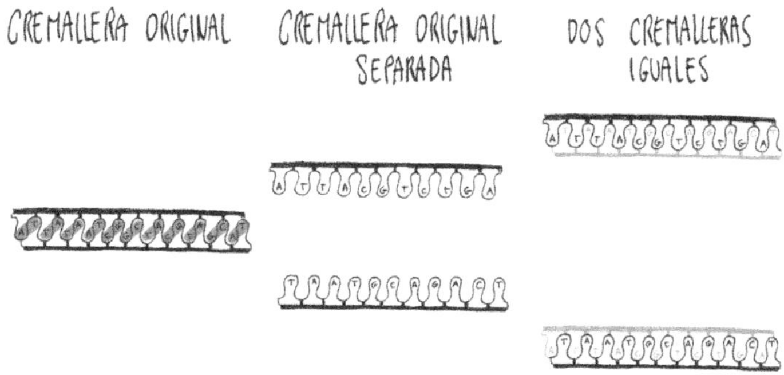

Figura 3. Esquema de replicación de las cadenas de ADN

Aparecen así distintas formas de reproducción asexual. Hay células que duplican su ADN y dividen su membrana en dos, dando lugar a dos células más pequeñas que la original, pero ¡ya crecerán! Este proceso es conocido como bipartición.

En otros casos, la copia del ADN se pone en un trozo pequeño de membrana y ya está. Es la gemación. De esta forma tenemos una célula original grande y otra pequeña que crecerá hasta ser igual que la antecesora.

Existen muchas más formas de reproducción asexual, pero el concepto es ese. Hacer clones o, por lo menos, intentarlo.

Sin embargo, debido a las mutaciones, esos errores en la copia dan lugar a individuos ligeramente distintos al original. Por eso, a pesar de copiar siempre la misma información, puede haber evolución en la reproducción asexual. Los errores pueden ser fatales e impedir la supervivencia, pero también pueden ser los responsables de grandes éxitos adaptativos. Como ese tatuaje que compartes con tu pareja: si rompéis es un desastre. Ahora bien, si seguís juntos será porque os habéis adaptado con éxito el uno al otro. Aunque en ese caso, también lo siento por vosotros, hay cosas a las que es mejor no adaptarse.

2

ORIGEN Y EVOLUCIÓN DE LA REPRODUCCIÓN SEXUAL

Menuda idea esa de hacer un clon.

¡¿A quién se le ocurre?!

Te puedo asegurar que, por simple y llana empatía, me parece un deseo harto desagradable. Siendo consciente de lo que me cuesta a mí la vida, querer duplicar el drama me parece un pensamiento aterrador. ¡Pobrecita mi doble!

Si evito empatizar con el calvario que pasaría ese clon viviendo en mi cabeza y pienso en mí, me parece aún peor. ¿Tendría que aguantarla? ¿Tendría yo acaso que hacerme cargo de ese bicho? ¿Explicarle todo lo que he aprendido para que no repita mis errores? ¿Y si no me escucha? Yo, desde luego, no me escucharía.

El ejemplo del clon (una reproducción asexual) resulta cómico, pero pienso exactamente lo mismo de la maternidad. Pensar en hacer un «miniyó» no me produce ningún tipo de placer. Igual son cosas que debería comentar con mi psicóloga, puede que tenga yo ahí *traumitas* sin resolver. Aun así, de entrada, te diré que, independientemente de aguantar a una petarda como yo, hay otra noción de procrear que me genera rechazo. ¿No te parece algo ególatra? ¿Qué te hace pensar que tus genes deben pasar a la siguiente generación?

En la Tierra sobra gente. De toda la que hay, ¿de verdad piensas que eres tú el que reúne las cualidades que están en la cima de la especie? Si nos tomáramos en serio esto de la evolución, en un par de generaciones seríamos la vida inteligente que aterriza en otras galaxias. Pero claro, nos vale cualquier cosa. Estamos ralentizando el progreso de la especie a golpe de narcisismo.

A veces me quedo perpleja viendo que hay gente que monta muebles de IKEA peor que yo que se atreve a traer vida a este mundo. Claramente ellos piensan que esa torpeza merece pasar a la historia. Que las generaciones futuras necesitan su calvicie, su dermatitis o su humor de mierda. Porque no olvidemos que, además de pasar genes, se pasan valores a esas pobres criaturas. Con suerte algunos salen impermeables a esa basura.

Sé que vuelvo a sonar como una cretina pero, si lo piensas dos veces, verás que esa crítica mordaz es la que aplico sobre mí misma, de una forma mucho más dura y tenaz. Es así como me convenzo de que no es buena idea perpetuar mi ADN.

No tengo ni treinta años y tengo casi una decena de anomalías genéticas. Cuando nací, las válvulas encargadas de que la orina no ascienda de nuevo a la vejiga estaban fuera de servicio y me tuvieron que operar. No quedó ahí la cosa. A los cuatro años ya llevaba unas gafotas para corregir la hipermetropía y el astigmatismo. Esto iba acompañado de lo que un pediatra denominó «alergia a la primavera». Se me llenaban los codos y las rodillas de granitos. Aún me pasa.

Una de mis anomalías más curiosas es la de los pies. Los tendones de mis dedos son extremadamente cortos. Lo peor de esa condición no es su nombre —«dedos de martillo»—, lo grave del asunto fue que mi madre se lo aprendió. Desde entonces, cada vez que, como escolar y adolescente iba a comprar calzado, mi querida madre, cercana y agradable como ella sola, intentaba conseguir que la persona que nos atendía lograse empatizar con la situación para recomendarnos el mejor calzado. Sin bajar ni un poco el tono de voz, sacaba sus teatrales manitas a escena activando el modo garra y decía lo siguiente: «Es que la niña tiene dedos de martillo, así como en garra (manitas de águila). Le cuesta mucho encontrar calzado. Encima tiene mucho puente y tiene que llevar plantillas que no caben en todos los zapatos. Tiene que ser calzado cerrado, pero ancho para que no le roce en los meñiques. Los meñiques son los que peor están. A ver, Tamara, ¡enséñaselos! ¿Ve como tienen forma de garra?».

Yo me creía muy paciente por soportar aquello. Paciencia la que tenía ella para cuidar hasta el último detalle de nuestras míseras existencias, la de mi hermana y la mía. Si la dejas, sigue haciéndolo.

Independientemente del ya superado trauma de mis pies —ya puedo llevar sandalias y me da igual todo—, a esto se añadieron más cosas: llevar aparatos en los dientes, quitarme las muelas del juicio, bruxismo, un síndrome de arritmias del que me tuvieron que intervenir por un cateterismo y, para finalizar, un tumor en un bronquio.

¿En qué universo debería estar yo orgullosa de ese material genético? Menuda soberbia pensarás. Anda que no hay personas mucho más jodidas que tú. ¿No tienen derecho a reproducirse?

Pues claro que sí, jobar. Pensé que estábamos en confianza y podía despotricar tranquila.

Dentro de mis anomalías genéticas hay otras que me gustan. Tengo un ojo de cada color, aunque ambos en bonitas tonalidades verdosas y todo esto acompañado de pecas.

Las pecas son cucas, pero son una mierda en realidad. El hecho de que la pigmentación de la piel sea estimulada por el sol es un gran avance evolutivo. Cuando los dañinos rayos del sol acarician nuestra piel, la melanina se sitúa en la parte superior de las células porque así protege el material genético.

De esta forma evitamos que se dañe con esa radiación que podría estimular la lectura de genes cancerígenos.

Pues bien, las pecas son una versión pésima de este mecanismo. Y, encima, con la edad se vuelven manchas. Me encanta cómo me quedan pero, sin haber llegado aún a la treintena, he empezado a usar protección hasta en invierno.

Creo que ya he expuesto de forma muy dilatada mis motivos para asumir que no tengo nada que aportar a la evolución. Me planto. Fui una mala añada, ¿qué le vamos a hacer? Mi hermana solo tiene asma. Está sana como un roble y es una mujer estupenda. Tenemos muchos genes en común y parece que esos son los buenos. Que se encargue ella de los siguientes Corpazos, término acuñado por mi madre. En mi casa somos Pazos Cordal. En gallego *corpazo* significa 'cuerpazo'. Creo que no tengo que explicar más. Heredar el humor de mi madre no estuvo mal. Aunque, en el cómputo global de mi ingenio y humor vanguardista, mi padre también tiene mucho que ver.

El tema es que no me veo yo reproduciéndome y, mucho menos, mediante una reproducción asexual. ¡Menuda responsabilidad!

En una reproducción sexual, por lo menos, mezclo mi ADN con el de otra persona, reduciendo en un 50 % las probabilidades de que la descendencia sea exactamente igual a mí. Desde luego, yo siempre estoy a favor de rebajar las expectativas sobre uno mismo y repartirlas en el equipo.

Aparentemente, la evolución obró bajo la siguiente premisa: ¡nada de narcisismo!

La mayoría de las especies de la Tierra se reproducen de forma sexual. Incluso especies que tienen ciclos de vida asexuales tienen en alguna etapa una alocada reproducción sexual. Como un Erasmus.

La evolución es muy pragmática, si funciona se queda. El criterio para decidir esto es economizar esfuerzos. Si podemos conseguir un mismo resultado con menos inversión, suele quedarse la adaptación más económica. Si una gacela que corre a 90 km/h logra escapar de su depredador, ¿para qué va a complicarse gastando un montón de energía y recursos desarrollando estructuras que le permitan correr a 200 km/h? Sería absurdo, como el *crossfit*. Reventarse el alma en entrenamientos larguísimos donde acabas destruyendo la masa muscular que construiste. *Not for me*. ¿Alguien les ha hablado del entrenamiento de fuerza? Cada día levantas un poquito más, lo justo para progresar. Ni más ni menos.

En fin, que cada uno se machaca como quiere. Yo no disfruto lo más mínimo con el agotamiento físico. Yo disfruto con mi látigo perfeccionista. Ese que no me deja ver una serie tranquila porque debería estar escribiendo.

Ayer estaba viendo la serie estadounidense *Modern Family*. Me encanta, es mi nuevo *Friends*: serie que me sé de memoria, que vi *chorrocientas* veces y que me puedo poner de fondo como recurso de calma, tranquilidad y oportunidad de hacer más cosas a la vez.

Lily es uno de los personajes menos valorados en la serie, pero tiene sus momentos. Durante todo un capítulo, estuvo preguntando a sus primos mayores si sabían cómo se hacían los bebés. Resulta que ella no tenía dudas, simplemente quería ser quien se lo explicase a ellos. Yo me siento un poco así. No sé nada sobre sexo, pero lo poco que sé te lo voy a explicar, empezando por decirte que la palabra «sexo» proviene del latín *sectus*, que significa 'separación'. Es paradójico pero, después de entender cómo funciona la reproducción sexual, entenderás por qué se usa el término «separación» en lugar de «unión».

EL CONCEPTO DE CROMOSOMA

No se conoce el momento exacto en el que aparecieron las especies que se reproducen sexualmente. Se intuye que, por accidente, dos células asexuales colisionaron fusionando sus orgánulos y materiales genéticos y eso supuso ventajas que estudiaremos más adelante. Las células originales tenían una cantidad determinada de material genético, lo justito para ir tirando. Sin embargo, una de las ventajas inmediatas de la fusión de dos células de forma sexual es que se duplicaban las posibilidades de tener instrucciones adecuadas para adaptarse al entorno. Contaban con el doble de ADN, el doble de cromosomas.

Voy a bajar marchas para hablarte un poco de lo que es un cromosoma. Es un concepto muy sencillo. Las instrucciones del material genético pueden estar almacenadas de distinta manera, estando la información más o menos condensada según el estadio del ciclo celular.

Durante la replicación de la que hablábamos anteriormente, el ADN está estirado en el núcleo de la célula.

Cuando llega el momento de la división celular, en la que la célula se parte para dar lugar a dos células hijas, hay que empaquetarlo todo para la mudanza. Es ahí donde las cadenas de ADN empiezan a hacer las maletas condensándose y enrollándose sobre sí mismas.

El ADN condensado da lugar a los cromosomas, esas estructuras que vemos en los libros con forma de X.

Me gusta imaginarme uno de estos cromosomas típicos como una pinza de la ropa. Es un símil bastante recurrente en esta materia, nada que me haya inventado yo. Muchas veces se me ocurren cosas que ya existen y yo no lo sé. Como la vez que quise hacer un pódcast llamado *Hablar por hablar*, desconociendo por completo que la cadena Ser emitió ese programa durante casi treinta años. Aprovecho para subrayar la importancia de la cultura, conocer lo que ya está hecho nos aleja de hacer el tonto.

Este símil de la pinza nos ayuda a entender que el cromosoma está compuesto por dos partes iguales unidas. Dos copias de sí mismas a las que denominamos cromátidas. En concreto, si están unidas en forma de pinza, son cromátidas hermanas. Estas estructuras, como te decía, son ADN condensado, el mismo en cada cromátida. Dos copias de las instrucciones de IKEA pegadas.

Antes de la aparición de la reproducción sexual, las células tenían tan solo una copia de las instrucciones. A cada una de estas copias se le llama «n». En ciencia, muchas veces para ahorrar se hace así, ponemos letras sueltas en lugar de palabras. Por lo tanto, si a partir de ahora ves que las células son n, 2n, 3n o 4n, por ejemplo, sabrás que se está hablando de la cantidad de material genético que portan esas células. En el caso de las células que solo tienen «n», decimos que son haploides. Ya sé que había dicho que usábamos letras para ahorrarnos palabras, pero ni la ciencia ni yo somos consecuentes.

Cuando tuvo lugar aquel accidente en el que dos células «n» se fusionaron, dieron lugar a una célula 2n, diploide. La aparición de la diploidía fue clave tanto para la reproducción sexual como asexual. Una célula que se reproduzca de forma asexual lo tiene fácil: mediante el proceso de mitosis, pasa una copia de su material genético a cada célula hija.

No puedo hablar de la mitosis sin acordarme de la serie *Sabrina, cosas de brujas* o *Sabrina, la bruja adolescente*, según la traducción. En un capítulo, la protagonista estaba estudiando la mitosis con Harvey, su *crush*. Ninguno la sabía explicar. Cuando vi ese capítulo, yo tenía unos siete años y tampoco sabía de lo que hablaban, pero nunca olvidé la palabra. Cuando finalmente estudié la mitosis, me di cuenta de que es bien sencilla. Sabrina y Harvey tendrían que centrarse más en estudiar y menos en ligotear.

En la mitosis tenemos una célula original con doble dotación cromosómica (2n) organizada en pinzas de la ropa (cromosomas) y lista para reproducirse. Gracias a la ayuda de otros orgánulos, los cromosomas se organizan en línea recta como soldados y unas estructuras van a separar los dos trozos de pinza.

Vuelve aquí el drama de peli noventera, las cromátidas hermanas se separan como dos Lindsay Lohans, en *Tú a Londres y yo a California*. De esta forma, obtenemos dos partidas de ADN idéntico que se encapsulan de nuevo, cada una en su núcleo para dar lugar a dos células hijas con material genético idéntico.

Más adelante, a lo largo del ciclo celular, una vez que esas células hijas se constituyen como tales, replican su ADN de nuevo. Vuelven a ser 2n.

En resumen: una célula diploide (2n) separa dos copias idénticas de su ADN para dos células hijas idénticas (2n cada una).

El ADN en las células cambia constantemente. No la información, pero sí la forma de organizarla y la cantidad de copias. Sabemos que nuestro material genético se ubica dentro del núcleo de las células eucariotas (las que tienen un núcleo definido). En las procariotas, las que no tienen núcleo, el ADN anda por ahí suelto dentro de la célula, pero se las apaña para sobrevivir.

Las células tienen ciclos de vida que varían mucho pero, en comparación con nuestra vida o con la de un perrete, son vidas más bien cortas. Tienen ciclos de tan solo unas veinticuatro horas. Esto que nos dicen de que renovamos constantemente las capas de piel es totalmente cierto. Te pasas el día barriendo y aspirando polvo que en realidad tiene gran parte de células muertas de tu piel.

Durante esas horas, las células se dedican a acabar de constituirse a sí mismas. Crecen, generan sus orgánulos celulares y preparan sus estructuras para poder cumplir las funciones que requiera el tejido al que pertenecen. No nos olvidemos de que las células trabajan en equipo con su entorno.

Después de todo esto, hacia el final de su escasa vida se prepara para reproducirse. Todo este jaleo implica que ha tenido que descondensar las instrucciones de ADN de su núcleo para poder leerlas y construirse a sí misma según ellas, pero en menos de veinticuatro horas tienen que volver a empaquetarlas para que empiece la reproducción. ¡Menos mal que no soy una célula! Con la pereza que me da meter cuatro bragas en la mochila para ir a ver a mi churri el finde, no me quiero ni imaginar este proceso a diario.

Que no te dé pena la célula, su escasa vida es como la de una persona *fit*, rinde mucho. A esa persona te la encuentras a las diez de la mañana y ya ha ido al gimnasio, a la sauna, ha desayunado, ha meditado, ha hecho la compra, ha revisado el mail y ha recogido un paquete en correos. Las veinticuatro horas de las células y de esas personas no son mis veinticuatro horas, te lo puedo garantizar.

A estas células de nuestro cuerpo, que son diploides y que se reproducen por mitosis, las denominamos células somáticas. Tiene sentido ya que *soma*, en latín, significa 'cuerpo'. Y tú que pensabas que era una lengua muerta y no se utilizaba para nada. Ya me hubiese gustado a mí saber un poco de latín cuando empecé a familiarizarme con todos los términos científicos y de especies que fui aprendiendo en la carrera. Desde la comprensión hubiese sido más sencillo que desde la *chapatoria*.

El problema con estas células somáticas es que están ya muy especializadas en sus funciones. Juntar dos células de nuestra piel, en principio, no podría dar lugar a una célula que originase un nuevo individuo completo. Si nuestras células somáticas se mezclan entre ellas en una reproducción sexual, es decir, sumando sus ADN, la célula hija sería 4n, tetraploide. Esto en el cuerpo humano no funciona. Hay otras especies, sobre todo vegetales, que pueden ser incluso hexaploides (6n), llevando seis pares de juegos de cromosomas. Una patata tiene más cromosomas que tú, solo dos más, pero ya son más. Y te preguntarás que para qué quiere la patata tanta información genética. Pues no lo sé, pero están muy ricas.

Lo que sí sé es que a las células les pilla bastante mal eso de llevar una copia completa de cada individuo encima. Necesitan que los organismos y sus células reproductoras se pongan de acuerdo y que cada una le pase una «n» nada más. Estas células encargadas de la reproducción son lo que vamos a denominar gametos. Células que se especializan en portar el material genético que va a participar en la reproducción hasta encontrar el gameto de otro individuo y fusionarse con él. Con una copia de cada individuo basta, aunque esto signifique que cada parte tenga que poner solo un 50% de todo lo que tiene. Porque si tú eres 2n, pero para reproducirte solo pones «n» pues, claro, estás renunciando a poner tu doble copia. Es lo que toca. Por eso, en la reproducción sexual el proceso se complica. Después de tanto lío para evolucionar a organismos con células que puedan albergar varias copias del material genético, necesitamos tener células haploides para reproducirnos.

DOTACIÓN CROMOSÓMICA

Me cuesta utilizar a la especie humana como ejemplo de forma recurrente. Lo hago porque sé que nos ayuda a entender mejor estas explicaciones de conceptos tan abstractos, el ser capaces de aplicarlos a conceptos más o menos familiares.

Pero nosotros tan solo somos una de las más de dos millones de especies descritas en la Tierra. Aunque los datos de otras especies nos puedan resultar poco interesantes, a mí personalmente me regalan una perspectiva de la naturaleza peculiar. Sobre todo, para entender que no existen fórmulas óptimas de supervivencia. Al fin y al cabo, me canso de decir que todas las especies que conocemos han llegado al día de hoy igual que nosotros, cada una con sus recursos, cada una con su historia. Muchas de ellas nos sacan millones de años de ventaja en el juego de sobrevivir en la Tierra. Han sabido adaptarse de tal forma que sus poblaciones fluctúan, pero consiguen sobrevivir y seguir evolucionando con el ecosistema.

Entre todas las fórmulas de vida y reproducción que han logrado llegar al presente, encontramos distintas formas exitosas de reproducir y almacenar el ADN, que al fin y al cabo de eso va la movida.

Mientras nosotros funcionamos bien con la diploidía (2n), muchas especies pueden manejar muchísimos pares de cromosomas a la vez. Al número total de cromosomas por célula que porta cada especie lo llamamos dotación cromosómica o cariotipo. La nuestra tiene 23 pares de cromosomas; como somos diploides, esto quiere decir que tenemos un total de 46 cromosomas. Sin embargo, hay otras especies que tienen más y otras que tienen menos.

La mosca de la fruta, por ejemplo, tan solo tiene cuatro pares de cromosomas (figura 4). Son más que suficientes para contener la información necesaria para desarrollar un individuo adulto completo y funcional. En el cromosoma II está la información de cómo será la forma de sus alas, el color de su torso, el color de los ojos, el tamaño de sus patas, etc. Realmente una mosca no necesita mucha más información genética. Esto podría llevarnos a pensar que la cantidad de información genética que porta un organismo es directamente proporcional a la complejidad del mismo. Deducir que cuanto más grande y complejo es un organismo este tendrá más cantidad de cromosomas que porten sus instrucciones resulta intuitivo, pero es un error. Existen especies de mariposas con más de cien pares de cromosomas, es decir, más de doscientos cromosomas. A nosotros nos parece mucha información genética para lo que hacen, ¿no? Es mucho lo que desconocemos sobre el ADN. Si hemos sobrevivido hasta aquí sin saber para qué necesita tantos cromosomas una mariposa, podremos continuar, yo incluida.

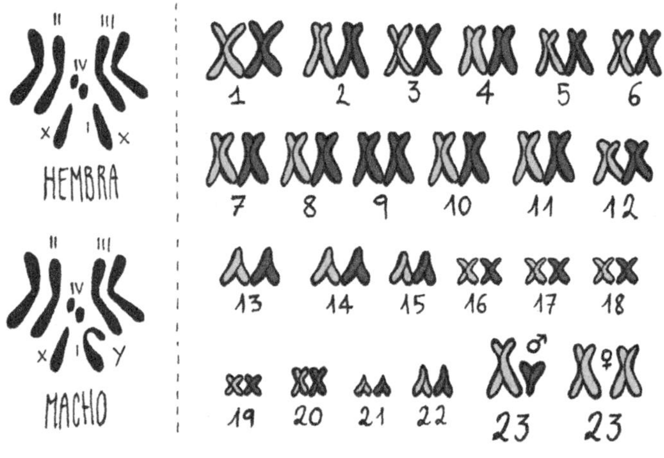

Figura 4. Comparativa entre el cariotipo de un ser humano y una mosca de la fruta

La mosca de la fruta, *Drosophila melanogaster*, es una especie que se utiliza muchísimo en investigación en el laboratorio. Es lo que denominamos un organismo modelo. Este tipo de especies cuentan con ciclos de vida muy cortos, son fáciles de mantener en un laboratorio y también es sencillo intervenir en su reproducción. Estas características hacen de los organismos modelo especies idóneas para realizar estudios genéticos y de otras índoles. En un par de meses podemos haber visto varias generaciones de individuos, estudiando cómo se ha heredado un carácter de padres a hijos.

Gracias a estos organismos modelo, una vez más podemos hablar de cultura científica. Lo que estas especies permiten es que distintos laboratorios a lo largo de la historia se centren en organismos como la bacteria *Escherichia coli*, la levadura *Saccharomyces cerevisiae*, la planta *Arabidopsis thaliana*, el ratón *Mus musculus* o, uno muy utilizado en neurociencia, el pez cebra o *Danio rerio*.

Durante varias generaciones de investigadores se han generado mapas de la información genética de estas especies. Sabemos dónde se encuentran distintos genes y cómo manipularlos. Por ejemplo, si queremos estudiar la posibilidad de curar una enfermedad letal en ratones haciendo modificaciones en su ADN, no tenemos que iniciar un estudio desde cero aprendiendo todo sobre esa especie. Existen muchísimas publicaciones que ya nos proporcionan esa información y podemos avanzar en estudiar cómo intervenir ese ADN.

Esta parte de generar cultura científica es genial, que exista ese consenso para tener referentes que nos permitan avanzar tanto en investigación es un lujo. Un lujo con un precio elevado que aparentemente solo nos trae beneficios como especie. Francamente, aunque me apetece, no voy a entrar a cuestionar la ética detrás de la investigación con animales. Es un tema muy complejo. Una vez más tendemos a polarizar los temas en blanco y negro. Y bastantes grises pretendo dibujar en este libro como para añadir otro más.

CÓMO SE HEREDAN LAS CARACTERÍSTICAS DE UN ORGANISMO

Yo soy consciente de que este capítulo te puede estar dando un bajón monumental. La cantidad de conceptos que estamos tratando son de alumno aventajado. Entiendo que te des un respiro en esto o que te saltes partes. Yo también estuve ahí, sin ser capaz de ver más allá de este tostón. No entendía la fantasía que iba a llegar después de saber lo que son los alelos y cómo heredamos distintas características de nuestros padres.

Para picarte un poquito, te diré que estos conceptos de alelos y heredabilidad son de biología de cuarto de la ESO. Si no te decantaste por ciencias, tienes excusa para no saber quién es Gregor Mendel y que no te suene nada de este jaleo.

Como quiero hacer todo esto más ameno, vamos a dejar a un lado el ejemplo de los guisantes de Mendel, que ya huele, y vamos a hablar de la especie humana para ver cómo heredamos el color de nuestros ojos.

Las características que heredamos sabemos que están en nuestros cromosomas, estas estructuras formadas por ADN condensado y proteínas. Si recuperamos el concepto de que los cromosomas son pinzas de la ropa, podemos adornarlo un poco más para entender en diez minutos algo que yo no logré entender por completo hasta segundo de carrera.

Cada parte de la pinza estaría ordenada de arriba abajo por casillas en las que podemos meter cosas. Cada casilla es un gen. La de arriba del todo es el 1, la segunda el 2, la tercera el 3 y así consecutivamente. Los genes tienen su lugar en el ADN, cada gen el suyo.

Aquí es donde tengo que hacer un apunte a la cultura popular al hablar de «genes». Cuando decimos que alguien tiene un gen cancerígeno, realmente nos estamos refiriendo a que tiene un alelo cancerígeno.

DATO CURIOSO

Alelos y guisantes

Gregor Mendel nació en 1822 y murió en 1884. Durante estos años llegó la electricidad a las viviendas y se inventó el teléfono, pero él no tuvo ninguna de esas cosas ya que ingresó como fraile agustino en un convento. La luz de las velas y el acceso a las amplias bibliotecas que poseía la iglesia permitieron a Mendel erigirse en el padre de la genética. Este frailecillo estaba dedicado a su huerto y a la observación de la naturaleza. Gracias a esto se fijó en que había variantes distintas de guisantes; podían ser amarillos o verdes. A la vez también había variación en cuanto a la superficie del guisante, ya que podían ser lisos o rugosos. Estas características se combinaban de tal forma que los guisantes que aparecían podían ser lisos y amarillos, lisos y verdes, rugosos y amarillos o rugosos y verdes. Lo peculiar del asunto es que había unas combinaciones más frecuentes que otras. Fue así como se dio cuenta de que no todos los caracteres aparecían por igual en la descendencia. Había unos que siempre dominaban. Cuando reproducía una planta de guisantes amarillos a partir de una de guisantes verdes, la descendencia casi siempre era amarilla. Lo mismo ocurría con los rugosos. Si una de las plantas progenitoras era rugosa, la descendencia casi siempre era rugosa. Esto le llevó a ver que había unos caracteres que dominaban sobre otros. Gracias a estos estudios pudo postular las que se conocen como las tres leyes de Mendel, las reglas básicas de la transmisión de genes de una generación a otra.

El gen lo tenemos todos, lo que ocurre simplemente es que esa persona en ese gen tiene un alelo que, si se expresa, puede dar lugar a un tumor.

Lo correcto sería decir que alguien tiene un alelo cancerígeno, pero no te juzgaré si sigues usando ahí el concepto de gen. Está tan integrado en nuestra cultura que a mí también me pasa incluso sabiendo que está mal dicho.

Volviendo a lo que sí son genes, una de esas casillas contiene la información para la estatura, otra casilla la del color del pelo, otra la de si tendrás pecas o no, otra casilla tiene la información de cómo son tus dedos de los pies y otra la de que puedas tener tumores. Eso es un gen, el lugar en la cadena que ocupa la información que vamos a heredar. Pero, como estamos viendo, tenemos varias alternativas. Podemos heredar pelo rizado o liso, ojos claros u oscuros, dedos normales o malditos dedos de martillo, etc. Son esas opciones las que reciben el nombre de alelos.

Por lo tanto, en un cromosoma (pinza de la ropa) tendremos dos cromátidas hermanas pegadas (cada mitad de la pinza) con unos genes idénticos y alelos idénticos.

Mis cromátidas hermanas tienen genes con alelos que dictan que yo tengo el pelo liso, los ojos claros y dedos de martillo en los pies. Como la especie humana tiene células diploides (2n), mi ADN tiene dos copias de esa información en forma de cromosomas (pinzas de la ropa).

Cuando mi ADN se junta con el de otra persona para construir un nuevo ADN se forma un pequeño jaleo. No todos los alelos tienen la misma fuerza a la hora de expresar su información genética. Hay unos alelos que no dejan que otros se expresen. Son los alelos dominantes, que hacen que los otros alelos se conviertan en recesivos.

He de confesar que te he contado una pequeña mentira, te dije que tenemos dos copias de un mismo material genético pero en realidad somos producto de la mezcla de las copias de nuestros padres. Si tu madre tiene los ojos claros y tu padre oscuros, tú llevas la información de ambos en tus instrucciones, tu genotipo. Lo que ocurre es que lo que se va a expresar en el fenotipo, lo que se ve, son esas variables dominantes de ojos oscuros que te pasa tu padre aunque realmente tu ADN sigue teniendo dentro ambas opciones, la de ojos marrones de tu padre y la de ojos claros de tu madre.

Cuando tú te vayas a reproducir, ya sabes que vas a tener que renunciar al 50 % de tu ADN. Aquí empieza la lotería, ¿qué parte le va a tocar a tu hijo?, ¿qué pasará al combinarse tu ADN con el de tu pareja?

Voy a explicar la versión más simple de cómo se pueden heredar caracteres. Para evitar que caigas en un Dummy-Kruger, te aviso de que la genética es de lo más complejo que he estudiado en mi vida. En la carrera de Biología hay cuatro asignaturas en las que no llegas a entender ni la puntita del iceberg de todos los factores que influyen en el resultado final de un individuo. Aun así, esta explicación sencilla es lo que necesitas para entender los básicos de la reproducción sexual.

Quien me conozca sabe que soy fan de *Juego de Tronos*. En honor a ello, vamos a plantear un problema genético sin *spoilers* en el que un Targaryen de ojos claros se junta con un Martell. Estos últimos son los morenazos de Dorne, de ojos oscuros como me gustan a mí. En la figura 5 tenemos varias casuísticas de reproducción entre estas familias. Suponiendo que lo que dicen de estas casas es cierto y son un tanto endogámicos, podríamos decir que todos los ancestros Targaryen son de ojos claros y los Martell de ojos oscuros. Este caso sería el representado en el primer cruce de la figura: los alelos que aporta la parte Targaryen son azul-azul y los dos alelos que aporta la parte Martell serán marrón-marrón. Como sabes, el resultado de la reproducción tiene que ser un individuo con dos alelos, no cuatro. Por lo tanto, a pesar de partir de cuatro alelos sueltos, dos azules y dos marrones, tenemos que hacer todas las mezclas posibles para calcular las probabilidades de tener descendencia de ojos claros u oscuros.

Lo que estamos viendo aquí al fin y al cabo es cómo se forma un cigoto, que es la célula que dará lugar al resto del organismo. En este caso estamos utilizando solo un gen para ejemplificar, pero este mecanismo ocurre simultáneamente con todos los alelos de los progenitores.

Cuando un individuo tiene los dos alelos iguales se dice que es homocigoto. En el caso de dos alelos dominantes le llamaremos homocigoto dominante y, si son dos alelos recesivos, homocigoto recesivo. Si, por el contrario, tiene alelos distintos, será heterocigoto.

El alelo que da lugar a un color de ojos marrón es dominante, esto significa que cuando se combina con azul, el color que se expresa es el marrón. Es el alelo que leerán las proteínas para construir el color de nuestros ojos.

El ejercicio de estudiar las probabilidades de que la descendencia tenga uno u otro color de ojos es bastante entretenido. Analicemos los resultados de la figura 5:

- En el primer caso tenemos la reproducción de un homocigoto dominante (ojos marrones) y un homocigoto recesivo (ojos azules). En este caso, la descendencia será toda heterocigota, expresándose entonces ojos marrones en el 100% de los hijos que tengan juntos.
- En el segundo caso simulamos la reproducción de dos heterocigotos. Estos dan lugar a tres combinaciones posibles pero solo dos posibles resultados: la descendencia tiene un 25% de probabilidades de tener ojos azules y un 75% de tener ojos marrones.

- En el tercer caso se cruza un homocigoto recesivo con un heterocigoto, dando lugar a una descendencia con las mismas probabilidades de tener ojos azules o marrones.
- El último caso ejemplifica el cruce de un homocigoto dominante con un heterocigoto. Esta opción da lugar a una descendencia 100% de ojos marrones, al igual que la primera.

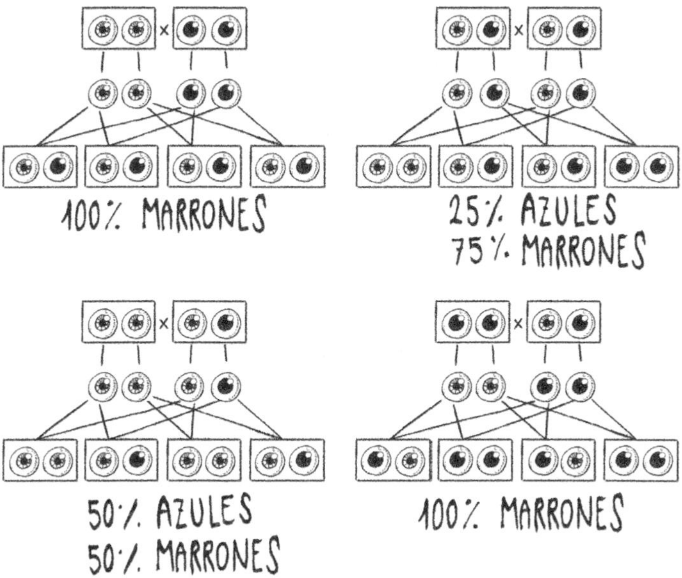

Figura 5. Modalidades de heredabilidad de alelos que determinan el color de ojos

Como habrás podido detectar, cuando vemos a un individuo con ojos azules, estamos totalmente seguros de que es homocigoto recesivo, ya que, de otra forma, habría un alelo marrón y sus ojos hubiesen sido marrones. Por el contrario, cuando tenemos delante a un individuo de ojos marrones no podemos saber si es heterocigoto u homocigoto dominante.

Imagino que ahora mismo solo puedes ser dos tipos de persona; la que está supersatisfecha por haber entendido todo esto, o la que está odiando este libro y frustrada. No pasa nada. Si eres la primera, te recomiendo buscar problemas online de leyes de Mendel. Te lo pasarás bien resolviendo puzles genéticos. Te dan pistas de cómo es la descendencia y adivinas antecesores, es bastante entretenido.

Por el contrario, si no lo has pillado muy bien, no te preocupes, no hace falta. El concepto básico que tenemos que sacar aquí es que cuando nos reproducimos sexualmente, de las dos opciones de alelos que tenemos para una misma característica, nuestros hijos heredan una de cada padre. Una vez se hereda la de cada padre, habrá situaciones en las que esos alelos «lleguen a un acuerdo» y salga una mezcla y otras, como en el ejemplo anterior, donde una opción eclipse a la otra.

LOS GAMETOS

Aquí voy a hacer trampas y voy a empezar la casa por el tejado.

Los espermatozoides y los óvulos son gametos, células haploides (n) que produce nuestro cuerpo y que están especializadas en la fecundación.

La reproducción consiste en encontrar al otro gameto y fusionarse con él, dando lugar a una célula diploide que denominamos zigoto. De manera que el zigoto es la fusión de esas dos células, cada una con su aportación de cromosomas.

Para todo este proceso es necesario que los organismos desarrollen estructuras especializadas en la reproducción sexual; es decir, estructuras productoras de gametos.

Pero antes de hablarte de sexo usando flores, estambres y polinización como ejemplo, déjame contarte cómo se fabrica un gameto. Y es que aquí aparecen las famosas células madre. Estas células, al igual que el resto, tienen doble dotación cromosómica (2n). Lo que las diferencia de las demás es que, cuando se reproducen, en lugar de hacerlo en una etapa lo realizan en dos y al proceso completo, a pesar de contar con alguna mitosis, lo denominamos meiosis (figura 6).

La etapa que va a marcar la diferencia en la reproducción sexual es la primera.

Y gracias a esta etapa, gracias a lo que te voy a explicar ahora, las especies han dado unos saltos evolutivos

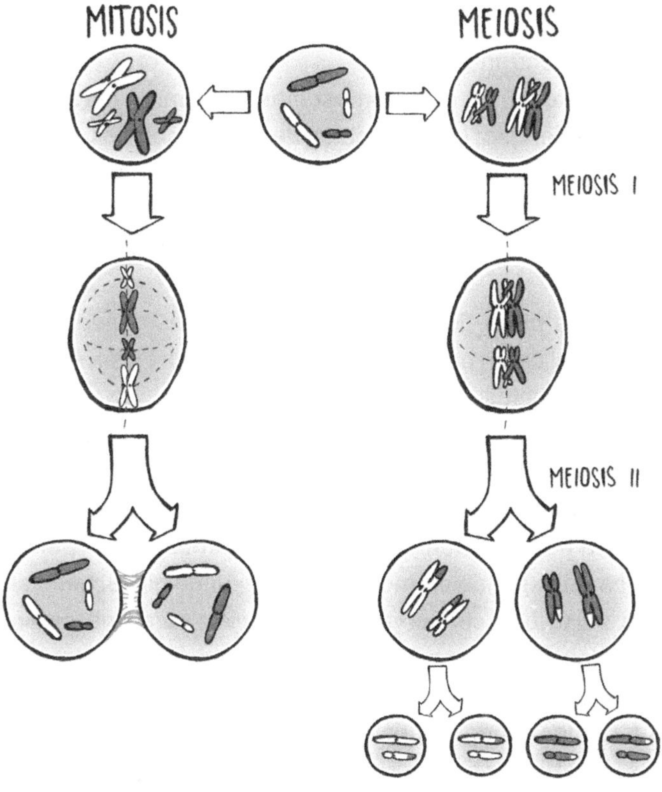

Figura 6. Diferencias entre la mitosis y la meiosis

descomunales en comparación a lo que ocurre cuando la reproducción es asexual.

Cuando tenemos esos cromosomas que parecen pinzas de la ropa listos y bien condensados, en lugar de permanecer como copias idénticas, llevan a cabo un proceso un tanto extraño: la recombinación. Intercambian unos trocitos de cromosoma.

Recordemos que las pinzas eran las cromátidas hermanas, cada una de las partes de la pinza es igual a la otra parte. Imagina ahora que cortas el extremo superior de la parte izquierda de una pinza. Después cortas la parte derecha de la pinza de al lado. Tomas cada uno de esos trozos y los pones en la pinza contraria.

Al principio tienes dos cromosomas. El primero lleva en sus alelos, por ejemplo, la información de una persona alta, pelirroja y celíaca. Es más, tienes esa información por duplicado en cada cromátida hermana, es decir, cada parte de la pinza tiene las instrucciones para dar lugar a una persona alta, pelirroja y celíaca.

En la otra pinza tienes otros alelos para esos genes, también por duplicado, para una persona baja, rubia y sin enfermedades intestinales.

Cuando cortas e intercambias esas partes de los cromosomas, das lugar a una situación compleja: el primer cromosoma mantiene una cromátida con la información original, pero la otra ahora tiene la información para una persona baja, pelirroja y celíaca. El segundo cromosoma, tu segunda pinza, tiene ahora una parte que conserva la información para una persona baja, rubia y sin enfermedades intestinales, pero la otra parte de la pinza tiene ese trozo robado que da lugar a otra combinación totalmente nueva, una persona alta, rubia y sin enfermedades intestinales.

Con este complejo proceso —la recombinación— conseguimos lo que llamamos cromosomas homólogos. Parejas de cromosomas que contienen información distinta para unos mismos caracteres. Estos contenían información para caracteres como la altura, el color de pelo y la salud intestinal.

En realidad, los cromosomas llevan muchísima más información para millones de caracteres, pero nos vale de ejemplo.

Gracias a la recombinación, cuando separamos esas cromátidas hermanas, conseguimos cuatro células con informaciones totalmente distintas. Una de esas células tiene información para un individuo alto, pelirrojo y celíaco. Otra tiene información para un individuo bajo, rubio y sin enfermedades intestinales. Esta información ya estaba en el individuo original, en la célula madre, pero gracias a la recombinación, obtenemos dos opciones totalmente nuevas: un individuo que podrá ser bajo, pelirrojo y celíaco y otro alto, rubio y sin enfermedades intestinales.

Como te decía, la recombinación supuso el gran salto en la evolución. El último ejemplo de un individuo nos dice el porqué. Gracias a este azaroso proceso, de una célula madre original, portadora de algunos genes poco deseables, podemos conseguir variaciones mucho más adaptadas. Esa persona alta, rubia y sin diarreas estará superbién adaptada para la vida. Dicho esto, a mí me gustan los morenos, seré yo la inadaptada. Pero independientemente de mis gustos para relacionarme, nos queda claro que la recombinación fue una gran fuente de variabilidad genética. Esto favorece un salto exponencial para poder adaptarse a las distintas condiciones del ambiente.

La recombinación es el primer paso en la meiosis. Después de esto, el proceso es muy parecido a la mitosis. La meiosis se da en dos pasos, meiosis I y II. En la primera, el proceso es como una mitosis. Tenemos una célula madre diploide, con sus cromosomas homólogos que se han recombinado y ahora presentan una gran variedad genética. Después de la primera división, tendremos dos células hijas diploides también.

En la segunda división, los cromosomas se van a separar. Las pinzas separan sus partes y cada una de estas se va a una célula. Tenemos ahora cuatro células con tan solo una copia de material genético. Son células haploides (n). Por lo tanto, mientras la célula madre tenía información para dos tipos de individuos, hemos generado cuatro células con información para cuatro tipos distintos de individuos. Estas células, por fin, son los gametos.

EL SEXO SALE CARO

Es un concepto, este del sexo, que carece de lógica desde su raíz misma. Todos los esfuerzos que realiza un ser vivo están dirigidos a proteger el ADN. Toda su vida destinada a eso para que, en el último momento, se conforme y renuncie a que la mitad de todas esas características pasen a la siguiente generación. ¿Tanto rollo para eso? Se supone que la evolución favorece que el ADN viaje en el tiempo. ¿Cómo es posible entonces que el sexo sea la forma de reproducción predominante en el planeta?

Quiero insistir en el absurdo de la reproducción sexual. Los mismos genes que te llevan al éxito, en esa nueva combinación exitosa, son los mismos que acceden a que la mitad de ellos sean eliminados. Imagina que, gracias a la recombinación, consigues una descendencia que necesita menos alimento y aguanta muchas horas bajo el sol en el desierto. ¡Genial! Tus bebés sobrevivirán sin problema, pero cuando en un futuro quieran reproducirse lo harán con otros individuos que puede que no tengan esas características. Te arriesgas a que hereden la capacidad de estar muchas horas bajo el sol, pero no la de aguantar sin alimento. Si te reproduces de forma asexual, haciendo una copia, te garantizas preservar todo y, precisamente, a este riesgo es a lo que se le llama el «costo del sexo». Este concepto ha hecho que sea muy complicado entender que los genes promuevan la reproducción sexual, ya que te recuerdo que a nuestro ADN le damos igual, solo busca su protección y éxito, por lo tanto resulta complicado explicar que el propio material genético tenga instrucciones para reproducirse sexualmente sacrificando el 50% de sí mismo.

A pesar de todo parece ser que compensa. Uno de los motivos es que, gracias a ese momento en el que el ADN se recombina multiplicando las opciones de tener descendencia con combinaciones de genes totalmente nuevos, las especies dan un gran salto en la carrera por adaptarse a los entornos. Claramente habrá opciones de esas que fracasen, que no sobrevivan ni dos días en la Tierra, pero las opciones exitosas tendrán muchas ventajas sobre el resto de los individuos para ganar el éxito reproductivo. Esto supone una ventaja frente a la reproducción asexual. Es mejor tener un 50% de probabilidades de éxito que arriesgarlo todo a una.

De todas formas, si hablamos de esfuerzo invertido en la reproducción, no tenemos que hablar solo del sacrificio que hace un ser vivo al asumir esa pérdida del 50% de sus preciadas instrucciones, existe un sacrificio real en todo el proceso de generar descendencia.

El gran costo del sexo ya comienza a la hora de producir los gametos. Esas células, además de portar el ADN, necesitan dos características: portar nutrientes para que el ADN no muera y poder nutrir al cigoto y tener algo de movilidad para poder fusionarse con otro gameto dando lugar a la reproducción sexual. El éxito de un gameto a corto plazo se fundamenta en su capacidad de encontrarse con otro y fusionarse. Para esto podemos encontrar dos estrategias distintas. Unos individuos optarán por producir pocos gametos a lo largo de su vida pero muy grandes, con muchos nutrientes. Otros individuos optarán por producir muchísimos gametos a lo largo de su vida, con pocos nutrientes. Los primeros, al ser tan grandes, tendrán muy poca movilidad; sin embargo, los segundos serán más ágiles y podrán desplazarse al encuentro de los primeros.

Si todos los individuos de una especie tienen gametos escasos, enormes e inmóviles, nunca se encontrarán y no habrá reproducción. Si, por el contrario, todos los individuos de la especie tienen muchos gametos pequeños con capacidad de encontrarse, pero no con nutrientes para que el cigoto sobreviva, esa reproducción no será exitosa. Esta es la razón por la que en las especies aparecen dos tipos distintos de gametos con estrategias opuestas.

Aunque existen reproducciones en las que el tamaño de los gametos es intermedio (isogamia), la más frecuente es la mencionada anteriormente, la que cuenta con dos gametos distintos (anisogamia). Es este tipo de reproducción el que da lugar a la aparición del sexo:

Gametos pequeños (espermatozoides) = Sexo masculino.
Gametos grandes (óvulos) = Sexo femenino.

Este es el origen del sexo, la producción de un tipo u otro de gameto.

Como era de esperar, la cosa no queda aquí. La inversión que se hace en producir descendencia no termina en la fecundación. Una vez que se ha producido la misma, es necesario asegurarse de que el individuo va a tener los nutrientes y cuidados necesarios. En este caso, habrá diferencias en la inversión de cada sexo.

La inversión en forma de nutrientes se produce de forma casi exclusiva por parte del gameto femenino. Si una hembra se reprodujese de forma asexual, invertiría la mitad de los nutrientes en un zigoto de lo que lo hace cuando se reproduce sexualmente. Esto significa que, *a priori*, para las hembras la reproducción sexual supondría reducir a la mitad su éxito reproductivo.

Los machos también sufren esta reducción del éxito en tanto que dependen absolutamente de las capacidades de la hembra para proveer esos nutrientes al zigoto. Si se reprodujeran asexualmente ganarían un 50% de probabilidades de generar descendencia con nutrientes suficientes. Al centrarse en ser muy prolíficos en la producción de gametos asumen ese riesgo.

De este modo podríamos pensar que lo mejor es la isogamia, que todos los individuos de la especie inviertan por igual, así no habría unos invirtiendo muchos recursos y otros asumiendo tanto riesgo. Pero la isogamia no funciona. La evolución lleva una y otra vez a la mayoría de las especies a optar por la anisogamia.

Entonces la cosa está así. Existe el sexo porque los cálculos de la naturaleza lo encuentran más exitoso. Aunque cueste entenderlo, el equilibrio se va hacia la anisogamia: hembras productoras de gametos con muchos nutrientes (óvulos) y machos productores de gametos pequeños y móviles (espermatozoides). Es en ellos donde radica verdaderamente el costo del sexo. En tener una parte de la población que solo aporta su mitad del ADN, pero no contribuye en la formación de los nutrientes que van a mantener viva a la descendencia.

Entonces estamos en el mismo punto, ¿no? Ya has entendido más o menos en qué consiste la reproducción sexual. Entiendes también el origen evolutivo de los sexos, que existan machos y hembras en tantas especies. Lo que nadie se explica ahora mismo es para qué queremos tanto macho.

3 SIGNIFICADO DE ESPECIE

¿Alguna vez has tenido la sensación de que no hay vidas suficientes para hacer todo lo que se supone que tienes que hacer? Ni siquiera estoy incluyendo en la pregunta aquello que quieres hacer, simplemente lo que se espera de ti.

Las sociedades crean expectativas en cuanto a fases vitales que tienen que superar sus integrantes. Las nuestras son formarnos, encontrar trabajo, emanciparnos, encontrar pareja, casarnos, tener hijos y preocuparnos por la jubilación.

Hasta ahora estas expectativas iban funcionando más o menos bien. Gran parte de la sociedad era capaz de conseguir esas victorias. El poder adquisitivo podía ser mayor o menor, pero se iban apañando. Nosotros, los mileniales y los de la generación zeta, somos las primeras generaciones que viviremos peor que nuestros padres. Se inventó lo de los ninis por el medio para despistar, pero sea cual sea la alternativa de los jóvenes —estudiar, trabajar, hacer malabares con ambas o no poder hacer ninguna—, la cosa está difícil.

A mi edad, veintinueve años, muchos de nuestros padres ya tenían una hipoteca, ni siquiera pasaron por la etapa de alquiler. Sin embargo, si tomo a unos 23 colegas como ejemplo, tan solo tres de ellos están pagando una casa, más de la mitad están viviendo con sus padres, unos siete están de alquiler y después hay un par de situaciones como la mía, en las que parece que estamos emancipados porque vivimos solos, pero no. A principios de 2020 viví una microemancipación por trabajo y la pandemia me trajo de vuelta a mi casa, a la de toda la vida, donde mis padres ya no residen habitualmente.

De esas 23 personas, todas salvo dos hemos conseguido títulos universitarios y la mayoría tenemos uno o varios másteres. Se suponía que en 2016, con unos veinticuatro o veinticinco años, seríamos ya personas formadas en el mundo laboral.

Estoy escribiendo esto en 2021 mientras nueve de mis amigos están estudiando o han estudiado para una oposición (solo uno de ellos ha conseguido plaza de momento), dos de nosotros nos hemos embarcado en la empresa de hacer una tesis doctoral, por suerte o por desgracia, ambos a tiempo parcial porque tenemos otros trabajos. La suerte es tener trabajo, la desgracia es que solo puedas doctorarte de forma remunerada si tienes un 9,847456234 de media en tu expediente académico.

El resto de mis amigos se las arreglan como pueden. A ninguno nos falta comida, techo o familia, pero puedo garantizar que ya al borde de la treintena nuestro tema de conversación más recurrente mientras nos tomamos unas cañas es la frustración de no estar donde se supone que tendríamos que estar.

Los ejercicios de empatía y escucha son constantes. Independientemente del grado de *checks* en la escala social que hayamos hecho, todos tenemos nuestras pegas.

Nos llaman la generación de cristal. Puede que sí lo seamos. Desde luego, han intentado criarnos como si así fuera. Nuestros padres nos dieron todo lo que ellos no pidieron tener.

¿Hemos consumido todo nuestro bienestar en la infancia? Las generaciones anteriores tuvieron infancias de escasez y ahora gozan de pensiones. Igual es una justicia divina esta que nos está tocando vivir después de tener comida, televisión, ropa y calzado nuevos, bicicleta, patinete, muñecos, legos, libros, walkman, discman, MP3, teléfonos móviles, ordenadores, internet, etc. Hemos tenido tantas cosas sin pagarlas que puede que no nos toque la satisfacción de comprar cosas con el rendimiento de nuestro trabajo.

Voy a dejar de decir chorradas para aclarar que de generación de cristal nada. Con nuestra generación, el concepto de *rat race* cobra más sentido que nunca.

La presión de un sistema académico y laboral basado en los méritos en lugar de en los talentos solo fomenta un estrés continuo para estar más formado que el de al lado; becas donde la nota es casi el cien por cien del criterio para seleccionar candidatos, oposiciones donde compites con miles de personas por un par de plazas y trabajos donde el que echa más horas y tiene tiempo para ir de cena con el jefe es quien consigue el ascenso.

Entramos en la compulsión de prepararnos sin fin. Porque es así, una dinámica que no termina en el mundo laboral. Una vez dentro, están mirando quién da más o quién hipoteca más vida a cambio de la empresa y, si no estás en esta dinámica, es porque eres una empresa (autónomos) y compites con otras. Nos educamos en esta cultura de la escasez, de individuos que compiten unos con otros.

Si eres de mi generación, no te martirices, tomamos el camino que se nos dio, el que nos llevaría a una vida mejor que la de nuestros padres incluso. Si, por el contrario, eres uno de esos Reyes Magos que han cubierto nuestras necesidades y nos dieron la lista entera de deseos, te doy las gracias.

Mis padres invirtieron en mi educación pensando que eso me daría unas condiciones de vida aún mejores que las suyas. Como el ADN, esperas que cada generación sea mejor que la anterior.

Yo estoy contenta con mi formación y mi camino. No lo hubiese hecho de otra forma. Después de la catástrofe estudiantil

DATO CURIOSO

Carrera de ratas

Rat race es un término inglés que literalmente significa 'carrera de ratas', pero es un concepto que se utiliza para referirse a realizar esfuerzos en vano, como una rata corriendo en una rueda. La rata no va a llegar a ninguna parte y, por lo tanto, a ojos de un humano es una energía tirada a la basura. Evitaré profundizar en por qué sí tiene utilidad para una rata enjaulada correr en esa rueda para centrarme en la segunda acepción del término. En un sistema de producción capitalista se promueve la aparición de la especialización, en la que cada individuo pueda aportar algo concreto. Esto tal vez resulte alienante para el individuo pero, a pesar de esta premisa, competimos en formación y en carreras profesionales para conseguir más que otros y, paradójicamente, poder salir de esa carrera de ratas. De casa al trabajo y del trabajo a casa, un bucle con un propósito individual: el sueño de la libertad financiera. Algún afortunado lo conseguirá y el resto seguirán perpetuando su propia condena.

de primero de carrera y de haber trabajado aquel verano para ayudar a pagar las siguientes matrículas, nunca he dejado de trabajar. Tuve la suerte de ir encontrando más alumnos de clases particulares. Cuantas más clases daba, más me recomendaban a otras familias.

Después aparecieron otros trabajos como monitora, profesora de clases extraescolares en colegios y demás aventuras de contratos de un día que dan como resultado una vida laboral con más hojas que años de existencia. Esto continuó con una beca en una empresa que, después de dos años, se transformó en un contrato indefinido.

Todo este camino de trabajo, suerte y recomendaciones dio pie a que haya podido comprarme alguna que otra cosa, pagarme mi máster y doctorado y haber tenido aquella intentona de emancipación.

No me agobia mucho ir marcando los *checks* vitales. No siento que esté perdiéndome nada o que debiera estar haciendo otra cosa. Sí me gustaría comprarme un piso y poder vivir tranquila en él, pero siento que cada vez estoy más cerca de ello y eso me motiva. También me preocupa la jubilación, pero el matrimonio y la maternidad no son cosas que me quiten el sueño. Son cosas para la Tamara del futuro y confío en que tomará las decisiones que la hagan feliz.

Esta presión por ir cumpliendo las fases vitales le va genial al ADN. El hecho de que consigamos sustento económico para comprar comida, refugio y cuidados para la salud ayudará a que sobreviva dentro de ti. Esa parte de reproducirse también le va de maravilla, ya sabes, aunque sea una reproducción sexual y se pierda la mitad de la información por el camino. Nuestro ADN está encantado con esta imposición social, ¿o no?

Hasta ahora he incurrido repetidas veces en el error que trato de quitar de nuestras cabezas: el individualismo. Ciertamente es el mismo camino que yo hice al formarme. Pensar que el ADN y la evolución funcionan a escala individual y, ciertamente, la visión individualista del mundo que se nos inculca pudo afectar en esto.

El primer martillazo a esta concepción individualista es una crítica a la definición de la vida. Se considera ser vivo a todo aquel que tiene las tres funciones que la biología ha considerado elementales para la vida: relacionarse con el entorno, reproducirse y alimentarse. ¿Quiere decir esto que un frailecillo

DATO CURIOSO

VIRUS Y VIDA

Los virus son un material genético encapsulado en una vesícula de proteínas.

Son jinetes que cabalgan entre la vida y la muerte. No son seres vivos, pero tampoco piedras inertes.

¿En qué se basa la definición de ser vivo? En la capacidad de reproducirse, relacionarse con el entorno y alimentarse, siendo esta también una definición hecha por personas.

A pesar de que los virus tienen ADN (u otra modalidad de información genética llamada ARN) y se relacionan con el entorno, carecen de formas de energía o metabolismos de carbono, es decir, no se alimentan y tampoco son capaces de reproducirse por sí mismos, necesitan siempre un huésped, como un humano despistado sin mascarilla y con las manos sucias para replicar su material genético en nuestros cuerpos.

Se cree que existen diez veces más tipos de virus que de bacterias y, al contrario que estas, no pueden ser eliminados del organismo con antibióticos. La clave para tratar una infección por un virus es interferir en su capacidad de replicación en nuestro organismo o destruyendo las estructuras que protegen su material genético.

como Gregor Mendel o un monje tibetano en ayuno no están vivos?

Todos diremos, por supuesto, que están vivos y, al decirlo, aplicaremos un razonamiento colectivo. Es entonces cuando llegamos a entender que la definición de vida no se aplica al individuo, sino a la especie.

Evaluamos si una especie es de seres vivos o no si en ella se dan la relación con el entorno, la alimentación y la reproducción. Esto no significa que cada uno de los integrantes de la especie tenga que llevar a cabo todas esas tareas, ni siquiera es necesario que tengan la capacidad de hacerlo para pertenecer a la especie.

¿QUÉ ES UNA ESPECIE?

Para entender lo que es una especie es fácil poner al ser humano como ejemplo, no hay nada parecido en la Tierra, por lo tanto, identificamos fácilmente a los miembros de la especie humana. Conocemos bien sus características morfológicas y conductuales para afirmar que un individuo que vemos por la calle es un *Homo sapiens*, pero distinguir las especies de avispas que nos atacan en el merendero ya es otro asunto. Las diferencias que separan a una especie de otra muchas veces son sutiles, sobre todo para el ojo humano.

La Tierra goza de una gran biodiversidad, siendo esta la variedad de la vida en todas sus manifestaciones. La unidad con la que podemos medir la biodiversidad es, precisamente, el número de especies. Este es un concepto sencillo: un ecosistema como la selva tiene mucha diversidad, uno como el desierto no, aunque me siento obligada a decir que en los desiertos hay mucha más vida de la que pensamos.

El concepto de especie ha sido motivo de disputa desde que se originó. El primer investigador que destacó en este ámbito fue Carl von Linneo, el padre de lo que conocemos como nomenclatura binomial. Seguro que te resulta familiar el concepto de que las especies tengan nombre y apellidos, como *Homo sapiens*. Pues este tipo de nomenclatura se la inventó este señor junto a conceptos de clasificación de la vida mucho más complejos.

En 1778 muere Linneo dejando una comunidad científica que no encontraba consenso para definir lo que es una especie. Hoy en día, este concepto es estudiado por distintas disciplinas que tampoco hallan un criterio definitivo que satisfaga todos los matices que se pueden encontrar a la hora de determinar qué es una especie.

Si el análisis se realiza desde la biología, se considera que dos individuos pertenecen a una misma especie si al reproducirse dan lugar a una descendencia fértil. Aunque una gaviota logre llevar a cabo un coito exitoso con una paloma, sus gametos no se fusionarán, y mucho menos sus materiales genéticos. Es como tratar de cargar un teléfono Android con un cargador de Apple, eso no va a ninguna parte. Esos gametos ni siquiera se reconocen como tales, ese óvulo de paloma no sabe que lo que tiene delante es un espermatozoide de gaviota y, por lo tanto, no penetrará su membrana para dar lugar a la fusión de sus materiales genéticos, cosa que tampoco ocurriría de forma natural. Por mucho que *Jurassic Park* nos vendiera la moto de que mezclas ADN de dinosaurio con un poco de ADN de rana y te salen individuos estupendos y funcionales, la cosa no funciona así.

A pesar de todo esto, hay casos en los que especies distintas logran que sus gametos se reconozcan fusionando sus materiales genéticos y dando lugar a descendencia. El caso más sonado está en el mundo equino. Los caballos y los burros son especies distintas, pero si los juntas te sale una mula, que es un bicho estéril, incapaz de cruzarse con otro individuo y dar lugar a descendencia. Por lo tanto, en la definición biológica del concepto de especie es importante subrayar que una misma especie es aquella en la que sus individuos pueden cruzarse dando lugar a descendencia fértil.

Otra forma de determinar qué es una especie es la tipológica, la que atiende a su morfología. La observación de las características físicas de una planta o animal ha sido la guía de determinación e identificación de especies más antiguas. Hoy en día sigue siendo la más utilizada. Tenemos incluso aplicaciones móviles con algoritmos capaces de determinar especies si le subes una foto. Esa fue mi primera idea de montar mi propia empresa estando en la carrera: diseñar junto a una informática una aplicación móvil para ir a buscar setas al bosque de forma segura y que, además, estuviese acompañada cada especie de vídeos y recetas para cocinarlas. Me hubiese hecho de oro seguro.

Además de categorizar especies según sus características morfológicas o los individuos con los que pueden tener descendencia fértil, otra forma de determinar especies es por su localización. El aspecto ecológico es fundamental. Ya que una especie comparte un mismo tipo de material genético, este estará adaptado a unos entornos determinados, de manera que, según dónde encontremos a sus integrantes, podremos saber si se trata de una especie u otra.

La genética también participa a la hora de determinar especies, ya que una especie estará definida por compartir un mismo tipo y número de cromosomas. Precisamente esta es la razón por la que son capaces de fusionarse. Implicaría que estás cargando un iPhone con su carísimo cargador. A este tipo de clasificación le llamamos filogenética y se debe a la búsqueda de un antepasado común. Dos gatos pertenecen a la misma especie porque sus abuelos también eran gatos.

Del aspecto filogenético podemos pasar al evolutivo, ya que van de la mano. La ciencia que estudia la evolución determina que una especie es aquella cuyos miembros se van a reproducir entre sí de tal manera que se van a ir dando cambios heredables en sus poblaciones; es decir, se dará variabilidad genética dentro de la especie.

A la hora de determinar una especie debemos fijarnos en todos estos tipos de clasificación. De otro modo, podríamos determinar que todos los animales de una granja, como pollos, cerdos, conejos y vacas, son la misma especie porque viven en un mismo hábitat o que un lobo y un perro husky son una misma especie porque tienen características morfológicas comunes. Es importante tener en cuenta desde los aspectos genéticos hasta los ecológicos para delimitar las especies.

A pesar de que ya hay muchas especies, seguimos encontrando más y más y los científicos e investigadores tienen que ponerse de acuerdo en qué características tienen más peso para determinar que han descubierto una nueva especie. Esto nos puede parecer ridículo si pensamos en los animales que nos rodean. ¿Qué tipo de conflicto puede haber a la hora de diferenciar un salmón de un pulpo? Pero cuando lo que estás encontrando son especies nuevas de gusanos, que se parecen mucho entre sí, que tienen hábitats próximos y que no es fácil determinar su ciclo vital para saber si estás viendo a un adulto de otra especie o a una larva de la que ya conocías, la cosa se complica. Es posible que una población de gusanos se adapte tanto a un nuevo entorno que sus características empiecen a distar mucho de la población original. A través de las generaciones se van heredando características que se mantienen y hacen que el material genético de la primera ya no pueda combinarse con el de la segunda. O que sus hábitos y formas de alimentarse no tengan nada que ver y, por lo tanto, no puedas juntar a individuos de ambas poblaciones y esperar que tengan comportamientos similares.

A veces me cuesta encontrar el interés en descubrir este tipo de especies, pero realmente cuando conoces los volúmenes de diversidad que nos rodean, ese conocimiento te pone en tu lugar.

La última vez que lo comprobé, la ciencia había descrito

más de dos millones de especies en el planeta. Esta cifra es asombrosa, pero no se consiguió en 1700. En 2010 aún estábamos descubriendo en Birmania una nueva especie de mono, el *Rhinopithecus strykeri*. Si tienes el móvil a mano, búscalo, no tiene desperdicio, y si no, puedes usar su nombre de contraseña para todo, nadie jamás la podrá descifrar.

Cuando digo que son nuevas especies me refiero a que lo son para nosotros, pero ellas ya estaban ahí de siempre. Aun así, como somos arrogantes, nos pica esto de encontrar mamíferos y demás bichos que desconocemos, nos agobia pensar en todo lo que no sabemos y por eso la ciencia hace extrapolaciones para calcular el número de especies que quedan por descubrir. Dependiendo de las estimaciones, se ha llegado a calcular que puede haber entre 3,5 millones y 111,5 millones de especies. La mayor parte de la literatura al respecto estima que el número de especies en la Tierra ronda realmente los 13,5 millones. ¿A que ahora ya no te parece tan asombrosa la cifra de dos millones de especies conocidas?

Estas cifras dan un poco de vértigo, pero la caída libre no para, las especies siguen evolucionando y abriéndose camino. Gracias a la variabilidad genética y a la migración de especies, las variantes genéticas pueden dar lugar a aquellas adaptaciones de las que hablamos en el primer capítulo que pueden llevarles a ser una nueva especie. Es precisamente por este factor por el que es muy importante preservar la variabilidad genética. Es el cinturón de seguridad, los ahorros de una población. Si vienen tiempos difíciles, habrá individuos con rarezas que puedan enfrentarlos y reproducirse para perpetuar la especie. De lo contrario, cuando una población es pequeña y no cuenta con muchos individuos se produce un cuello de botella. Cuantos menos individuos tiene una especie menos variabilidad genética queda. Si, encima, los individuos que quedan comienzan a reproducirse entre su misma población, es probable que acabe teniendo lugar una endogamia que reduzca aún más la variabilidad genética. Sin ese extra de mutaciones y caracteres nuevos heredables, las poblaciones están perdidas.

Este es uno de los principales motivos por los que detesto las crías de animales domésticos. Es muy complicado hacer los cruces de forma responsable, pero hay que asegurarse de que no estamos apareando y dejando que se reproduzcan individuos que son familia directa, al menos en primer o segundo grado. Ya sabemos lo que se dice cuando alguien no es muy espabilado: que es hijo de primos. Mezclar ADN de familiares reduce enormemente la variabilidad genética y puede dar lugar a muchos errores en el ADN resultante. Aunque la descendencia sea fértil y próspera, aumentan las probabilidades de heredar determinadas enfermedades.

Esto lo vemos mucho en la cría de perros. Existen razas de perros que llevan asociados determinados problemas de salud, por ejemplo los labradores tienen problemas de cadera, los caniches problemas de corazón o los bulldogs, dermatitis. Y no es que los hayan tenido siempre, pero las malas prácticas repetidas de humanos manipulando la reproducción de estos animales les han llevado a este punto. Yo soy la primera enamorada de un setter irlandés o de un enorme boyero de Berna, pero si para tener perros cuquis hay que pagar ese peaje, me apeo del plan. Sé que existen criaderos con buenas prácticas que cobran tres mil euros por un perro y te aseguran que no se han dado cruces que puedan resultar perjudiciales, pero esto promueve que personas con menos recursos hagan malas prácticas para poder cobrar seiscientos. Es evidente que en esta situación hay muchos grises y no es tan sencillo como decir un no rotundo a la compra de mascotas, pero qué quieres que te diga, después de haber pasado unos meses estudiando el comportamiento de perretes en una protectora, he descubierto que son tan buenos compañeros de vida como los otros.

TAXONOMÍA

De las especies descritas en el planeta sabemos que el 64,4 % aproximadamente son artrópodos, que son algo así como insectos y mariscos. Alguna persona estará horrorizada con este dato, pero se horrorizará aún más cuando sepa que no solamente son más en número de especies, sino que también son más en número de individuos.

En esos millones de especies descritas hay muchas que son desconocidas para gran parte de la población humana como, por ejemplo, los embriófitos, los protozoos o los procariotas. Están por todas partes y son muy abundantes, pero resulta más fácil entender la diversidad con especies más conocidas.

Las algas, representan aproximadamente 48.000 especies de las que se han descrito. Existen más de 96.000 especies de hongos y tan solo 54.000 son de animales vertebrados, de los cuales los mamíferos son poco más de 4.000. Es ahí donde estamos nosotros. De los 13.500 millones de especies que se estima que han llegado a 2021, con todas las dificultades que eso implica, nosotros solo somos una.

No es moco de pavo ser una especie, piensa que todas las que existen han aparecido a raíz de una, aquella primera especie de células que solo consistían en un material genético envuelto. A partir de ahí comenzó la fiesta de la variabilidad genética, las mutaciones y la reproducción sexual. La resaca de esa fiesta ha sido una explosión de biodiversidad en todos los reinos posibles.

Que quede claro que esto de reinos no tiene nada de monárquico, es un concepto que pertenece a la clasificación que usa la ciencia para estudiar y clasificar la vida.

Seguro que te resultan familiares los árboles filogenéticos, como el de la figura 7.

Figura 7. Árbol taxonómico

Puede que te resulte más familiar ver un árbol como tal, con ramas. Donde una especie original va dando lugar a otras que se ramifican hacia arriba. No me gusta utilizar ese tipo de árbol en la divulgación porque puede crear la falsa ilusión de que es una ejemplificación de qué animales están más evolucionados que otros, cuáles son más complejos y, en definitiva, cuáles están por encima de los demás. La ejemplificación circular es mucho más ilustrativa. Representa los antepasados comunes de las especies actuales de forma que se entiende qué categorías tienen en común y su procedencia. Esto ayuda a entender cómo las distintas especies fueron evolucionando a raíz de un antepasado común a todas.

Todo esto se puede organizar gracias a la taxonomía. Esta palabra tiene origen griego. *Taxis* significa 'clasificación' y *gnomos* se traduce como 'normas', es decir, la taxonomía es la disciplina que determina las normas de clasificación de las especies. Se puede aplicar en otras ramas de conocimiento, pero en biología se emplea para la categorización de los seres vivos.

Los animales, las plantas, los hongos, las algas y demás categorías de seres vivos no se organizan exclusivamente por especies; de hecho, cuando he utilizado categorías como la de animal o planta estoy usando la clasificación de reinos, que es una de las más generales, aunque por encima aún tenemos los dominios.

Voy a recurrir a un perro para ejemplificar los peldaños que sigue la taxonomía para clasificar una especie.

Dominio = Eucariota
Reino = Animal
Filo = Cordado
Clase = Mamífero
Orden = Carnívoro
Familia = *Canidae*
Género = *Cani*
Especie = *Canis familiaris* o *Canis lupus familiaris*

Imagina que clasificamos los elementos de un supermercado. Habrá unas grandes categorías que abarcarán otras.

Dominio = Materia orgánica
Reino = Alimento
Filo = Sección de desayuno
Clase = Carbohidrato
Orden = Cereal
Familia = Maíz
Género = Copos de maíz o *corn flakes*
Especie = Kellogg's cereales *corn flakes*

Este símil está bastante cogido con pinzas pero creo que puede ayudar a visualizar las categorías que se utilizan en la taxonomía.

Los seres humanos compartimos clasificación con los perros hasta la categoría de Familia. Somos eucariotas, animales, cordados, mamíferos y carnívoros, pero nuestra familia es *Hominidae*, nuestro género es *Homo* y la especie es *Homo sapiens*. Como ves, la especie siempre tiene dos palabras y la primera corresponde al género. A veces podemos ver los nombres de las especies escritos de esta forma: *C. familiaris* o *H. sapiens*. De lo que nunca debemos olvidarnos es de utilizar la cursiva. Esto último es un guiño a mi tutora de la tesis, ella siempre guarda energía y paciencia para recordarme que *V. Velutina* va en cursiva. Así que, si vas a escribir el nombre de una especie, usa la cursiva, hazlo en honor a ella.

CONVIVENCIA ENTRE ESPECIES

La etología, una optativa que podíamos elegir en cuarto curso, fue una de mis asignaturas favoritas de la carrera. Yo sabía que en las prácticas se iba a ver a las focas del acuario de A Coruña y eso me hacía ilusión. Pero una vez metida de lleno en la asignatura descubrí que lo que de verdad molaba era la asignatura en sí. El comportamiento animal es fascinante. Entender los mecanismos que hay detrás de las interacciones con el entorno y cómo esto puede influir en la evolución de las especies me pareció y me parece una fantasía. Es una asignatura que te hace querer ser biólogo de bota. Puedes ser de bota, si tu área de estudio es el campo, o de bata si, por el contrario, en el laboratorio estás en tu salsa.

Yo con la etología me puse muy en plan bota. Hablé con la profesora de la asignatura para hacer mi trabajo de fin de grado con ella y, finalmente, no solo hice las prácticas de la asignatura con las focas, sino que conseguí hacer el trabajo de fin de grado y las prácticas de final de carrera en el acuario de A Coruña. Allí disfruté de vivir una experiencia al más puro estilo

National Geographic, pero en cutre. Las focas allí están en cautividad y la dureza medioambiental durante la observación de su comportamiento tampoco era una gran aventura. Si bien es cierto que he tomado datos bajo la lluvia y el granizo, eran cuarenta minutos y enseguida entraba al calorcito del acuario a tomarme un café. Eso sí, mi libreta la guardo con cariño con todas sus marcas y borrones de estar empapada por la lluvia del invierno coruñés y las manchas de café del calorcito interior.

Durante los casi diez meses que pasé observando a las focas llegué a registrar cientos de horas de comportamiento. Cuando se estudia el comportamiento animal, es imprescindible establecer unas categorías de registro y para eso necesitas observar al animal durante muchas, insisto, muchas horas.

Necesitas desarrollar un etograma, que es una clasificación de todos los comportamientos que detectas en un animal. Pueden ser cosas del tipo: nadar boca arriba, nadar boca abajo, nadar deprisa, nadar despacio, nadar en círculos, aletear, rascarse, jugar con otro individuo, agredir a otro individuo, olisquear comida, comer, dormir, miccionar, defecar, descansar... El etograma puede ser casi infinito, pero un investigador tiene que centrarse en las categorías de estudio. Si lo que te interesa al observar una gallina es cuándo cacarea y cuándo duerme, puedes establecer tres categorías: cacareo, descanso y actividad. De esta forma durante el tiempo de observación has de anotar el tiempo que la gallina dedica a cacarear, el que dedica a descansar y el que dedica al resto de las actividades, que estarán recogidas en la tercera categoría.

Te cuento todo esto para dar relevancia a disciplinas como la etología o la ecología. Su estudio es el que me permite escribir capítulos como este, explicando los distintos tipos de interacciones que pueden darse entre las especies de nuestro planeta.

Para hablar de interacción entre especies lo mejor es que introduzca el concepto de poblaciones. Las especies no pueden interactuar entre sí, sino que los individuos de estas especies agrupados interactúan con individuos de otras especies que también están en grupos.

Una población es el conjunto de individuos de una misma especie que cohabitan en un mismo lugar y en un mismo periodo de tiempo determinados. La demografía, por ejemplo, es el estudio de la evolución en el tiempo de estas poblaciones, para lo cual debemos conocer el tamaño de las mismas. Para determinar el tamaño de una población debemos contar los individuos que la integran y para eso es necesario conocer las tasas de procesos demográficos que la afectan.

Uno de los principales factores que va a delimitar el número de individuos de una población va a ser el entorno y sus recursos. Cuanto mejor esté adaptada una especie a la explotación de los mismos, la densidad de la población será mayor. El siguiente factor que determinará con gran peso el tamaño de una población será el costo del sexo. No debemos olvidar que reproducirse supone para la especie un gran gasto. El presupuesto energético de los organismos es limitado y hay que repartirlo de forma óptima para que les llegue la energía para el resto de las actividades vitales (alimentarse y relacionarse). Esto implica que los integrantes de la población deben establecer un equilibrio entre estos valores.

Si ejemplificamos esto con plantas, veremos que cuando una especie dedica mucha energía a producir árboles muy altos y con muchas hojas que son capaces de captar mucha luz y producir mucho alimento, gran parte de los recursos que podrían ir destinados a la producción de gametos se quedarán en el mantenimiento de esas estructuras.

La interacción de las poblaciones establece comunidades, conjuntos de poblaciones de organismos que coexisten en áreas determinadas. Cada comunidad se caracteriza por tener unas propiedades particulares que se van a distinguir según el nivel de estudio (no es lo mismo estudiar la comunidad que constituyen la especies de una playa entera que estudiar la comunidad de seres vivos que habitan sobre una roca).

En ecología podemos interpretar las comunidades de dos formas:

- Concepto individualista. En este caso, las comunidades se forman por pura coincidencia de dos especies que viven en un mismo hábitat. Este establece que la estructura y el funcionamiento de las comunidades solo expresan las interacciones de especies individuales que se asocian localmente, pero no refleja ningún tipo de organización deliberada.
- Concepto holístico. Este nos habla de cómo una comunidad es un superorganismo cuyo funcionamiento y organización solo pueden ser entendidos si se la observa como un todo. De esta forma, las especies se estudian en la medida que contribuyen a un ecosistema que siempre tenderá a la homeostasis.

Esto de la homeostasis contradice ciertamente la teoría del caos, ya que nos habla de sistemas que tienen capacidad de autorregularse. Es un poco como analizar los mercados de bolsa o de criptomonedas. Dependiendo del tramo temporal que observes puede parecer que la tendencia es hacia el caos, pero ciertamente, con una visión temporal amplia, se observa cómo los patrones tienden a repetirse teniendo incluso cierta ciclicidad.

Personalmente me quedo con el concepto holístico. Este nos lleva al Mundo de margaritas o Daisy World.

Si has estudiado alguna vez este concepto sabes por dónde

voy; si no, estarás pensando que vivo en *Los mundos de Yupi* y que soy algún tipo de hippy conectada a la Tierra de forma espiritual.

James Lovelock, doctor en filosofía pero científico en su tiempo libre, propuso en 1969 una teoría que hablaba de cómo los ecosistemas y la Tierra tienen la capacidad de regularse, de forma que la propia aparición de la vida fomenta las condiciones apropiadas en la Tierra para mantenerse en ella. A esto lo denominó la hipótesis de Gaia (diosa griega de la Tierra). Esta hipótesis puede ejemplificarse bien con un mundo de margaritas.

Con la ayuda de un ordenador, Lovelock llevó a cabo una simulación de lo que ocurriría en un planeta orbitado por un sol que provoca que la temperatura aumente poco a poco. En ese planeta cultivamos una variedad de margaritas negras que absorben luz y otra variedad de margaritas blancas que la reflejan. Debido a esto, el planeta tendrá una temperatura ideal cuando existe el mismo número de margaritas de ambas especies, ya que muchas margaritas negras absorberían demasiado calor y muchas blancas darían lugar a un planeta muy frío.

Las margaritas negras sobreviven bien cuando hace frío porque son capaces de captar temperatura, por lo tanto, al principio de la simulación son las más abundantes. Precisamente como empiezan a reproducirse más que las blancas, ayudan a que la temperatura de la Tierra aumente. Cuando esto ocurre, las margaritas blancas pueden proliferar cómodamente ya que no hace tanto frío. Por lo tanto, la presencia de margaritas blancas controla que la temperatura no suba demasiado. Si hay demasiadas margaritas blancas, reflejarán tanta luz que volverá a enfriarse el planeta y no podrán sobrevivir, pero eso daría lugar a que las margaritas negras puedan volver a proliferar y regular de nuevo la temperatura.

Todo esto nos hace ver cómo en este modelo de sistema,

ocurra lo que ocurra se llega a una homeostasis y un equilibrio regulado por la comunidad de individuos que afecta al ecosistema.

Este modelo ha sido muy discutido, y con razón, ya que deja muchísimos factores fuera de la ecuación y es demasiado simple para poder explicar las interacciones que se dan en la Tierra, pero paradójicamente, a mi parecer, comulga en un punto importante con el concepto de comunidades individualista. Entendiendo que las margaritas no tienen ningún propósito, a pesar de que su interacción constituye casi un superorganismo que funciona acompasado regulando el entorno, el resultado de su interacción no es más que fruto de la coincidencia en ese entorno.

A riesgo de ser perseguida por mi profesor de ecología por dejar esto en el aire, sin aclarar por qué la hipótesis de Gaia no es tan sencilla y mucho menos con la interacción de la especie humana con el entorno, voy a dejarlo así. No necesitamos entender mucho más sobre comunidades, porque lo único que pretendo transmitir con todo esto es que es importantísimo tener presente la cantidad de especies que nos rodean y los infinitos modelos que existen de relación entre ellas para poner en perspectiva nuestro propio lugar en la Tierra y el impacto que podemos tener sobre ella. Si bien es cierto que la especie humana supuso un salto evolutivo exponencial sin referentes, esto no nos sitúa en la cima ni nos establece como norma. Aunque, antes de nada, tendríamos que definir qué es la norma. Si la norma fuese lo más abundante, la norma sería ser artrópodo, que es lo que más abunda y, por lo tanto, las comunidades de artrópodos, su ciclo de vida y sus pautas reproductivas serían la norma en el planeta Tierra.

Debido a que los ecosistemas están compartidos por muchas especies distintas, estas están destinadas a interaccionar entre sí. Existe gran diversidad de interacciones entre especies. En mis apuntes de ecología encontré un código que resume muy bien los tipos de interacciones que se pueden dar entre dos especies para ver cuál se ve beneficiada (+), cuál sale perjudicada (-) y cuál no se ve afectada (0).

	neutralismo	mutualismo	comensalismo	amensalismo	parasitismo	predación	competencia
Especie A	0	+	+	–	+	+	–
Especie B	0	+	0	0	–	–	–

Parece que las situaciones ideales, si nos basamos en nuestros sentimientos, sería determinar que lo ideal es que las interacciones fuesen todas de tipo neutralismo, mutualismo y comensalismo. En ellas, ambas especies sacan algo positivo o se quedan como estaban. Todas felices. Pero las interacciones no son tan sencillas. Si tomamos como ejemplo una relación de predación, en la que un animal se come a otro animal o una planta, a pesar de que directamente puede parecer perjudicial para el segundo, en muchas circunstancias las adaptaciones de las especies pueden dar lugar a beneficios. Por ejemplo, los huesos de las frutas, que algunos animales comen íntegros, pueden sobrevivir a los jugos ácidos de los estómagos de forma que, cuando el animal defeque, contribuya al esparcimiento geográfico de esa especie diseminando sus semillas. En este último caso, deberíamos hablar en realidad de un mutualismo dispersor. Las casuísticas en las que dos especies se ven beneficiadas por su interacción pueden ser de tipo mutualismo defensivo —donde un organismo que vive en el otro ayuda a sus defensas—, mutualismo dispersor —donde una de las partes se alimenta de la otra pero colabora en la dispersión de sus semillas como en el caso de los insectos polinizadores— y, por último, mutualismo trófico, donde existe una transferencia de energía y nutrientes entre las dos especies.

Independientemente de las relaciones que se pueden establecer entre especies, lo que sin duda está ocurriendo de forma constante es una adaptación mutua. Si, por ejemplo, entendemos que los gatos cazan ratones, aquellos ratones que corren más y logren escapar de los gatos sobrevivirán y se reproducirán. A su vez, aquellos gatos que hereden características que les den una mayor habilidad de caza, van a cazar ratones, a estar bien alimentados y a sobrevivir reproduciendo esas características. A esto es a lo que denominamos fuerzas de selección, aquellas que van a determinar la selección de unos caracteres sobre otros en la evolución. Esta evolución conjunta de dos linajes distintos se llama coevolución. Y puesto que este proceso no ocurre a la vez, se dará una escala de adaptaciones y contraadaptaciones. El ejemplo más característico es hablar de una espada que se vuelve más afilada y, en consecuencia, los escudos se vuelven más gruesos, con lo que las espadas vuelven a adaptarse para ser más afiladas y así consecutivamente. Este proceso se conoce como carrera armamentística. Es una especie de «y yo más» evolutivo.

Esta carrera no solo se da entre especies diferentes, también dentro de una misma especie existe esta competición en la que el más adaptado sobrevive. Es lo que tiene un ecosistema con unos recursos finitos.

CONVIVENCIA INTRAESPECIES

Cuando los recursos son finitos, las relaciones entre individuos se tensan. Al tamaño máximo de una población que un sistema puede mantener se le llama capacidad de carga de un ecosistema. Si los individuos superan este número, tendrán que buscar otros ecosistemas o, de lo contrario, gran parte de la población perecerá.

La especie humana ha sufrido sus mayores crisis, levantamientos populares y conflictos en épocas de escasez. Cuando falta el pan, o la harina para elaborarlo, la cosa se lía. Estos conflictos tienen lugar dentro de la propia especie. Cuando evolucionas para proteger tu ADN, resulta instintivo deducir que dos personas pelearán para ver quién se lleva el pan. En este caso nos da igual el otro, necesitamos sobrevivir a toda costa. Sin embargo, las grandes revueltas y movimientos sociales siempre han estado enfocados a un reparto de la riqueza. Podemos ver actos altruistas en niños muy pequeños, capaces de compartir la mitad de su merienda con otro niño que no tiene. Se considera altruismo a la «tendencia a procurar el bien de las personas de manera desinteresada, incluso a costa del propio». ¿Existe esto realmente?

En un capítulo de *Friends*, Joey Tribbiani se enzarza con su amiga Phoebe en un debate sobre las acciones egoístas y altruistas. Él sostiene que no existen acciones verdaderamente altruistas, que nadie ayuda a otros sin esperar algo a cambio. Phoebe se pasa todo el capítulo tratando de encontrar un ejemplo de acción totalmente altruista, desde hacer donativos hasta dejarse picar por una abeja. La conclusión de Joey a todas las intentonas de Phoebe es que el hecho de que te sientas satisfecho por haber ayudado a otro ya es motivo suficiente para considerar que no se trata de una acción altruista, ya que tu recompensa es el bienestar.

Hasta ahora, la mayor parte de los conceptos evolutivos que hemos comentado aquí son darwinistas, es decir, respaldan la teoría de Charles Darwin de que la evolución y los caracteres que se heredan van a ser aquellos que fomenten el éxito reproductivo individual. Solo aquellos caracteres que aumentan tus probabilidades de supervivencia serán los que la evolución preservará, ya que al sobrevivir te reproduces.

Aquí siempre se aplica un cálculo de coste beneficio para que el individuo salga beneficiado. Si, por ejemplo, un individuo porta unos genes que le permiten ser muy prolífico pero se queda sin energías para sobrevivir y cuidar su descendencia, estos genes mueren con su descendencia y, por lo tanto, serían unas características que no se mantendrían en la evolución de la especie.

Este es el razonamiento que tenemos que aplicar siempre para ver qué cosas son sostenibles en el tiempo y, por lo tanto, en la evolución. Podemos aplicarlo también a la especie humana, ya lo hacemos con el cambio climático. Observamos conductas que afectan a los recursos, a esa capacidad de carga, y hacemos cálculos que determinan que el volumen de emisiones de CO_2 no es sostenible para la supervivencia de la especie. En este aspecto estaríamos llevando a cabo una especie de mundo como el de las margaritas, o nos regulamos nosotros o nuestro impacto en el medio ya nos regulará eliminándonos.

De todas formas, como la explicación de los comportamientos humanos es infinitamente más compleja que la de otras especies, voy a evitar usar de ejemplo al *Homo sapiens* y, como Darwin, voy a centrarme en otras especies.

Quién nos iba a decir que Joey era darwinista. Yo, que puedo ser a veces un tanto naíf confiando en la bondad natural de los seres vivos, detesto estas teorías individualistas. Por esta razón firmo sin pensarlo dos veces la teoría de Wynne-Edwards. Este hombre dio forma a la teoría de que los animales actúan en beneficio de la especie, por el bien del grupo.

Si los individuos actuasen exclusivamente en busca de su propio beneficio, los genes que se mantendrían en la evolución serían aquellos que favorecen una explotación de los recursos mucho más agresiva, aunque no quede nada para otros. Sabemos que esto no es así, porque aplicando el razonamiento de qué características genéticas se van a mantener en la evolución, poseer genes que te hagan comer todo lo que encuentras y tener éxito reproductivo en consecuencia harían que estos genes se extendieran en todas las poblaciones futuras de la especie llevándolos a la extinción. Wynne-Edwards demostró que la selección natural de Darwin no puede ser la teoría que determine la evolución, ya que no sería sostenible a largo plazo para las poblaciones. Edwards dio explicación a aquellos comportamientos que parecen desventajosos para el individuo, pero beneficiosos para el grupo.

En la naturaleza encontramos infinidad de ejemplos altruistas que no se entienden desde una óptica individualista. Las hembras de *Cynomys ludovicianus*, o perritos de la pradera, gritan cuando ven depredadores. El darwinismo no puede explicar este comportamiento. ¿Por qué iba a conservarse en la evolución un gen que te hace gritar ante el peligro? Claramente ese grito puede atraer al depredador y causar un gran coste al individuo con la pérdida de su vida y la posibilidad de pasar su ADN a la descendencia. Sin embargo, al gritar esa hembra ayuda a otras de su especie a esconderse y protegerse. ¿Quiere eso decir, entonces, que hay sororidad entre las perras de la pradera? No, claro que no, la sororidad se da entre mujeres, pero solo ante las situaciones de discriminación sexual que se producen en nuestra sociedad patriarcal, no en la de los perritos de la pradera.

Otros casos que llaman mucho la atención en cuanto al altruismo son aquellos en los que parientes u otros miembros de la comunidad colaboran en la cría de descendencia que no es suya. Solo la teoría de Wynne-Edwards podría explicar este comportamiento totalmente altruista. Esos individuos están dedicando esfuerzos y energía que podrían emplear en su propia supervivencia y reproducción para cuidar de la descendencia de otros individuos.

El ejemplo más claro de que existe el altruismo son los insectos. Ya he dicho antes que más del 60 % de las especies de la Tierra son artrópodos, así que resulta lógico que dentro de toda esa diversidad encontremos comportamientos sociales muy complejos.

Si estudiamos especies de hormigas, avispas, termitas o abejas, que son las que nos pueden resultar más familiares, descubriremos que son especies de insectos sociales o eusociales. Estas especies se caracterizan por tres cosas: el cuidado cooperativo de la descendencia, la existencia de castas estériles o individuos que no van a reproducirse y la convivencia de varias generaciones a la vez (madres con sus hijos mayores y menores).

En estas especies sociales encontramos castas que van a tener funciones distintas en la población. Vamos a encontrar hembras fértiles que serán las reinas y una serie de individuos que las acompañarán con distintas funciones. Algunos individuos pertenecientes a la casta de las obreras estarán encargados de construir el nido/panal/enjambre, otros buscarán alimento y otros protegerán a la población. Dependiendo de las especies podemos encontrar más o menos castas con distintas funciones. Dentro de estas, algunos de esos individuos van a ser estériles o simplemente nunca llegarán a reproducirse a pesar de tener la capacidad para ello. Esto ocurre mediante distintos mecanismos evolutivos que conservan estos caracteres en la especie de forma que generación tras generación habrá individuos no solo altruistas, sino que habrán nacido para cuidar a otros. Individuos cuyo propósito no es perpetuar su ADN, sino colaborar en la supervivencia y alimentación del ADN de otros individuos.

Todo esto parece la evidencia más fuerte de que la evolución que busca el éxito reproductivo individual no puede explicarse por sí sola ya que existen comportamientos que buscan beneficiar a terceros incluso si esto perjudica al actor de los mismos.

Siento decirte que esto que suena tan bonito no es así; a Wynne-Edwards le dieron hasta en el carné de identidad con esta teoría. Desde luego, sirvió de base para cuestionar el darwinismo y buscar explicaciones para estos comportamientos altruistas que la teoría de la selección natural por sí misma no puede explicar.

Aquí entra Hamilton en escena. Este británico dedicado a la genética de poblaciones lo tenía claro, ni altruismo ni leches, los individuos tienen claro el coste-beneficio de cada acción y no ayudan a otros sin obtener nada a cambio.

Esta teoría no me gusta, no es tan bonita y benévola como la anterior, pero muy a mi pesar, al tío no le faltaba razón.

Cuando un individuo se reproduce está pasando sus genes a su descendencia. Las especies diploides, como las que estudiamos en el capítulo anterior, pasan el 50% del material genético a sus descendientes. Si tenemos un individuo inicial con un 100% de su material genético, compartirá con su hijo un 50% y, por lo tanto, con su nieto un 25% y con sus bisnietos un 12,5%. Pero ese individuo no tiene solo material genético en común con su descendencia, con sus hermanos comparte también un 50%, con sus primos un 25% y con sus primos segundos un 12,5%. Esto podría explicar por qué a un individuo le compensa cuidar a su hijo, por ejemplo, pero ya le compensa menos cuidar a un nieto. Cuidar a dos nietos sí, cuidar a dos nietos equivaldría a cuidar a un solo hijo. John Burdon Sanderson Haldane, un reconocido genetista, también británico como Hamilton, afirmó que estaría dispuesto a perder la vida por algo más de dos hermanos u ocho primos. Al hombre no le faltaba razón. Si pierdes la vida por dos hermanos, que comparten cada uno un 50% de tu ADN, salen las cuentas ya que un 100% de tu ADN sobrevive.

Antes de que empieces a ofrecerte en juicios por combate a cambio de tus hermanos y familiares, es necesario entender que estas cuentas son para modelos informáticos que traten de replicar numéricamente la evolución para comprobar empíricamente si tiene sentido desde el punto de vista evolutivo conservar caracteres altruistas.

Estos modelos pueden predecir, por lo tanto, que los comportamientos altruistas van a darse entre individuos emparentados o que tengan más probabilidades de estarlo. Será por lo tanto más común observar comportamientos altruistas en un macaco que se encuentre en el árbol en el que nació que en una selva nueva a kilómetros de distancia, ya que es más probable que los individuos que habitan las zonas próximas al árbol donde nació sean familiares.

Esta es la razón por la que las especies desarrollan también mecanismos para identificar parentesco que van desde la capacidad de reconocer una morfología similar hasta deducir que el que está próximo es pariente pasando por un mecanismo de contacto nada más nacer, conocido también como impronta.

Los ejemplos anteriormente mencionados de insectos sociales o perritos de la pradera son evidencias de que esos modelos matemáticos existen en la naturaleza y, por lo tanto, la selección por parentesco es una teoría correcta.

Uno de los casos más curiosos que podemos encontrar en el libro de *Introducción a la ciencia del comportamiento* del editor Juan Carranza es el de los pavos. Estos hacen el cortejo en parejas de hermanos en las que solo uno se reproduce. Antes de ir a buscar a las hembras se pelean entre ellos y el que gana es el que se reproduce. El problema es que existen otras parejas de pavos hermanos que también quieren reproducirse con las mismas hembras. La función del hermano perdedor será ayudar al hermano vencedor a ganar los combates con las otras parejas de pavos para que sea él el que se reproduzca.

Claramente estos ejemplos nos hacen ver que hay conductas altruistas pero que solo están justificadas por las relaciones de parentesco. No tendrán por lo tanto nada de altruistas, porque estos individuos ayudarán a sus parientes en la medida que equipare haberse reproducido él mismo. Siendo esto así, no podemos rechazar la teoría de Darwin, simplemente tenemos que integrarla con la teoría de Hamilton dando lugar a la eficacia biológica inclusiva.

De todas formas, seguimos encontrando comportamientos altruistas entre individuos no emparentados o incluso entre especies distintas. Esto se explica por el clásico ojo por ojo. La evolución de genes que permiten recordar quién ha sido altruista contigo incentiva que tú repitas ese comportamiento en el futuro para devolver el favor. Del mismo modo, la evolución de genes permite recordar qué individuo no ha sido altruista contigo para no invertir recursos en él. Estas conductas se dan en distintas especies animales, no pienses únicamente en humanos. El comportamiento en humanos es demasiado complejo ya que está constituido por una mezcla de factores de carácter biopsicosocial. Por esto resulta difícil explicar por qué hay individuos que reciben favores sin dar nada a cambio y cómo los actores de esos favores siguen dándolos sin ver reciprocidad.

¿Podemos entonces hablar de la existencia de un altruismo verdadero? En su función social sí, pero si analizamos el concepto desde el punto de vista evolutivo no. Los comportamientos altruistas y cooperativos, en el genotipo, han de ser considerados egoístas, ya que siempre van a suponer un resultado positivo en la balanza coste-beneficio.

4

ANÁLISIS DE LA ESPECIE HUMANA COMO COMUNIDAD

Entender el altruismo en la especie humana es mucho más complejo que en otros animales. Ciertamente, explicar los comportamientos del ser humano es mucho más difícil que explicar los comportamientos de cualquier otra especie del reino animal. Ni siquiera tenemos un mapa que describa todas las conexiones neuronales para ayudarnos a entender cómo funciona realmente nuestro cerebro. No obstante, gracias a la psicología, la neurociencia, la sociología, la antropología y otras ciencias que estudian la conducta podemos ir aproximándonos a entender, establecer hipótesis y teorizar sobre qué cuestiones condicionan el comportamiento de la especie humana.

En cuanto al altruismo, podemos aplicar el razonamiento que nos dice que, como el resto de las especies, hemos evolucionado favoreciendo la supervivencia de genes y características que van en favor de replicar nuestro material genético. Una de estas características sería practicar el altruismo de forma egoísta, de modo que siempre obtendremos algo a cambio. Pero la conducta humana está influida por demasiados factores como para determinar esto con rotundidad. La genética, el ambiente y la sociedad dan como resultado un individuo cuyo comportamiento es el resultado único de la combinación de todos estos factores.

En el *Homo sapiens* hablar de altruismo está íntimamente

ligado a la empatía, a ponernos en el lugar del otro. Como especie hemos creado mitos como la religión que promueven valores de cooperación. Independientemente de nuestro ADN, parece que los comportamientos altruistas forman parte de nuestras culturas y esos valores se transmiten de padres a hijos. Ayudamos a otros porque la empatía es un mecanismo que nos ayuda a pensar qué nos gustaría recibir en su situación, pero ¿somos altruistas en cualquier circunstancia o solo cuando nos beneficia serlo? Si obtenemos beneficio, ¿podemos hablar de altruismo?

Esa última pregunta se la dejo a profesionales de la sociología, psicología, filosofía y antropología. ¡Que se las apañen!

Personalmente, estoy trabajando en ser más egoísta. Algunos hemos crecido aprendiendo a anteponer los deseos de otros a nuestras propias necesidades. Aprender a decir que no educada y asertivamente, sin culpabilidad, puede ser muy difícil para ciertas personas. Establecer límites con el entorno es complejo. Acostumbras a la gente a recibir ciertas cosas de ti, muchas veces sin que las demanden y cuando empiezas a dibujar barreras para poner todo en orden llama la atención.

Los cambios son una disrupción en ese sistema de predicción que tenemos. Cuando haces cambios en tu vida, aunque aparentemente no influyan directamente en otros, pueden generar rechazo.

Resulta común ver a personas presionando a otras para que coman, beban, se droguen o salgan a disfrutar de una noche de excesos. Da igual que esa persona diga que no, que lo argumente o que diga directamente que no le apetece. En una cultura que no respeta los límites de los demás, estas situaciones suelen acabar de dos formas: la persona presionada cede o brinda unas malas palabras. Ante este escenario, no debería extrañarnos que la no aceptación de los cambios de otros pueda llegar incluso a fracturar amistades. Si tengo que elegir entre mi salud y los pesados de turno que van a hacer que mis decisiones se tornen en conflicto, me quedo en mi casa.

El párrafo anterior es pura empatía. Yo no he tenido ese problema, pero sí he sido parte del corral que presiona a otros a salir o, tras un cambio de miras, defensora de aquellas personas que han querido establecer nuevos límites en su vida.

Por suerte nunca he sentido una presión excesiva por parte de mi grupo. He salido cuando he querido, he bebido lo que me ha dado la gana y he ignorado otras drogas por miedo a las consecuencias.

Mi problema con los límites está más en el día a día, en no saber negarme a hacer un favor a alguien, incluso cuando eso supone una clara desventaja para mí. Mi psicóloga le llama a esto «comer lentejas». Lo curioso es que cada vez que me ha mandado hacer el ejercicio de anotar las lentejas que me comía esa semana, no comía ni la primera. Soy una alumna muy aplicada.

En un texto que me envió para leer y reflexionar, se explicaba cómo existe una línea que pasa gradualmente de las necesidades a los deseos. Las primeras son cuestiones esenciales para la vida como cuidar de nuestra salud con todo lo que ello implica: alimentación, descanso, actividad física, sueño y cuidados físicos y mentales. Los deseos son aquello que puede hacernos sentir mejor, como por ejemplo tener un coche, un ordenador, acceso a internet con 5G o, simplemente, acceso a internet. Entiendo que para muchos los deseos que he mencionado puedan parecer necesidades, ya que no nos imaginamos un día a día sin estas cosas, pero realmente sabemos que son cuestiones que no limitan nuestra vida o salud. No tener esas cosas puede generarnos mucha frustración y complicaciones, pero si nos ponemos un poco estoicos podremos sobrellevarlo siempre y cuando tengamos acceso a comida, cuidados para la salud, descanso y relaciones humanas de calidad.

Interiorizar esta graduación de necesidades y deseos puede tener mucha utilidad tanto interpersonal como intrapersonalmente. Si ponemos en orden esta materia, entenderemos que muchos tenemos el privilegio de tener cubiertas nuestras necesidades vitales y, en caso de detectar alguna carencia (que probablemente sea en cuestiones de salud física o mental), nos resultará más sencillo darle la prioridad que tiene y ponernos manos a la obra para buscar asistencia profesional y empezar a cuidarnos como merecemos.

Por otro lado, resulta interesante diferenciar si lo que alguien nos demanda es una necesidad o un deseo y, en consecuencia, valorar qué hacer.

Por ejemplo: llevas tiempo notando un agotamiento general imperante, desgana por todo lo que te rodea, mucha frustración y no te sientes dueño de tus emociones. Has decidido que quieres ir a terapia pero se acerca el cumpleaños de tu pareja, sabes que lo que quiere son unas entradas para un concierto de MUSE y no tienes dinero para ambas cosas. En esta situación estamos enfrentando tu necesidad de salud mental frente al deseo de un ser querido de ir a ver a uno de los mejores grupos de la historia. No soy quién para decir cuál es la decisión adecuada, pero el ejercicio de determinar qué es un deseo y qué una necesidad es importante a la hora de tomar estas decisiones.

No hace falta subrayar la importancia del dinero: si te sobra, ya no hay dilema. Te vas con el terapeuta a ver MUSE. Si nadas en billetes, puedes pagarle a Matt Bellamy la carrera y la certificación de psicólogo clínico y ya te trata él mismo.

Me cuesta pensar en deseos de otros que no podamos satisfacer con dinero. ¿Necesitas que vaya a ayudarte con la mudanza y tengo la espalda rota? Tranquila, amiga, te mando un servicio premium que lo haga por las dos. ¿Estás tirado en el aeropuerto sin un duro y yo sin tiempo para ir a recogerte? Te envío una limusina de inmediato.

Qué bonito es fantasear con la abundancia, pero como los recursos son finitos para los que no nos apellidamos Bezos, nuestra libertad se merma al ritmo que crecen las decisiones complicadas. Como en un ecosistema, cuando no hay para todos es donde adquiere relevancia el altruismo y la distribución de los recursos.

Hay cosas que me van quedando claras y una de ellas es que el tiempo es el recurso más valioso que podemos darnos a nosotros y a otros. También entiendo por qué tienes que estar bien para poder ayudar a otros. Ciertamente, en el caso del concierto de MUSE, no se me ocurre un mejor lugar en el que estar pero, dándole un par de vueltas, resulta sencillo llegar a la conclusión de que tu pareja disfrutará mucho más de una versión de ti que haya podido recibir la asistencia que necesita en cuestiones de salud mental, por lo tanto, voy a cambiar de opinión para dictar que sí soy quién para decir cuál es la decisión adecuada: ese dinero está mejor invertido en la terapia que en las entradas.

Estas situaciones *win-win* son geniales. La vida te sonríe cuando la mejor decisión para ti es la mejor para tu entorno. Empiezo a pensar también que cuando nuestras necesidades perjudican al entorno, es mejor cambiar de entorno. Es posible que ya hayamos agotado los recursos de ese nicho y tengamos que cambiar de ecosistema, es decir, huir de ambientes tóxicos.

Creo que la persona verdaderamente empática y saludable es aquella que va a respetar tus nuevos límites y animarte a ser un poco más egoísta, a pensar en ti. El ser querido que se alarma o se molesta cuando empiezas a decir que no a cosas y a anteponer tus necesidades a sus deseos, es precisamente aquel que estaba obteniendo beneficios de tu inexistente negativa.

No te preocupes, mi objetivo no es ser egoísta, es complicado pasar de ser extremadamente complaciente a una perfecta imbécil. No digo que no pueda ocurrir en el camino, encontrar el punto medio es complicado. Al fin y al cabo ese proceso es un aprendizaje que, mediante ensayo y error, lleva a lograr detectar si tienes tus necesidades cubiertas antes de invertir tiempo y energía en satisfacer las de terceros.

Estoy segura de que muchas personas os identificáis con esto de no saber poner límites y decir que no. Los motivos para ello pueden ser distintos pero en muchos casos están relacionados con la autoestima, la necesidad de validación externa, miedo al abandono, etc. Somos una especie social y precisamente lo somos porque en equipo trabajamos mejor. Conductas que benefician al individuo, si se repiten en otras circunstancias, pueden beneficiar al grupo y esto nos convierte en animales que dependen de la validación del grupo.

ESTEREOTIPOS Y PREJUICIOS

Imaginando un entorno salvaje es sencillo entender por qué la especie humana busca reunirse en grupos. Si un humano trata en solitario de cazar, cosechar alimento, almacenarlo, protegerlo y buscar cobijo para pasar la noche, fracasará por completo. Mientras sale a cazar, cualquier animal podrá robarle el cobijo o la comida. Ir a buscar agua también será un peligro. Tendrá que acercarse a manantiales o ríos donde beben sus depredadores. Resulta intuitivo pensar que tener a otro miembro de la especie cubriendo sus espaldas será más seguro, ayudando esto a su supervivencia y, por lo tanto, a la de su ADN. Si se juntan muchos humanos pueden explotar más recursos: unos pueden encargarse de conseguir agua, otros de fabricar herramientas, otros de cuidar a la descendencia, otros de labrar la tierra...

En definitiva, cuando un ser humano se relaciona con otros y establece pactos de colaboración, forma grupos que darán lugar a más recursos, protección y oportunidades de relacionarse con fines reproductivos. Del mismo modo, ese grupo puede colaborar en los cuidados de la descendencia. Todo esto supone una gran ventaja para la especie humana. Claramente, podemos intuir cómo la evolución ha recompensado las conductas gregarias.

Podríamos pensar que cuantos más mejor, pero como vimos en anteriores capítulos, los ecosistemas tienen recursos finitos que limitan el número ideal de individuos en una población. Es aquí donde aparece la competitividad con otros grupos que conviven en el entorno. Esta condición de escasez hizo determinante aprender a identificar a los miembros de tu grupo.

Como veíamos en el capítulo anterior, hay más posibilidades de que se den comportamientos altruistas si estos van dirigidos a miembros que comparten parte de nuestro ADN, que comparten territorio y que, por lo tanto, es más probable que nos devuelvan otra conducta similar. Lejos de querer equiparar la complejidad del comportamiento de las sociedades humanas con ejemplos de otras especies, en este caso sí resultó importante para los humanos saber quién era su grupo ya que competían con otros grupos por los recursos del territorio. En entornos de escasez es importante distinguir a quién ayudas y a quién no. Así se conformó la capacidad de construir quiénes somos «nosotros» y quiénes son «ellos».

Este principio lo entienden muy bien algunos partidos políticos que, en tiempos de escasez, lejos de señalar a la corrupción, al fraude y a la mala gestión de los recursos por parte de la administración, se esfuerzan en dibujar un «nosotros» y un «inmigrantesypersonasenriesgodeexclusionsocialquerecibenpensionesmillonarias».

Esta distinción entre unos y otros como un tablero de ajedrez es la base de lo que hoy entendemos como estereotipos y prejuicios.

Aunque evolutivamente han sido muy útiles para la especie humana y su supervivencia, la utilidad hoy en día es cuestionable ya que son la base de la discriminación de muchos colectivos.

A pesar de que la conducta humana es compleja, cuando estudiamos el cerebro expuesto a distintos estímulos y situaciones podemos ver qué áreas se activan. En el caso de la constitución de los estereotipos también encontramos activación de ciertas regiones del cerebro implicadas en esta conducta.

Para entender su origen podemos volver a ese espacio salvaje y primitivo. Era necesario construir un estereotipo que explicase las características que distinguen a tu grupo de otros: la indumentaria, las vocalizaciones, los gestos, los olores y los rituales. En consecuencia, los cerebros establecen una predicción de cómo es tu grupo, una lista mental de características que cumplen «los tuyos».

Por otro lado, ese sistema de predicción se altera cuando ve a un individuo que no encaja y por esto lo detecta como diferente. Si, mediante repetidas exposiciones a otros grupos, somos capaces de detectar características comunes es cuando estableceremos un estereotipo con respecto a ellos. Esto podemos verlo en nuestra sociedad actual con distintas culturas y colectivos cuando, mediante la televisión y los medios, nos formamos ideas preconcebidas de los integrantes de religiones, partidos políticos, países, razas, géneros, etc. Estos estereotipos pueden ser más o menos acertados, pero su utilidad evolutiva es innegable.

Si en un entorno salvaje se detectaba a un ser humano de un grupo distinto se podía, no solo evitar ayudarle, sino huir y protegerse para evitar un conflicto. De esta forma, una vez más, vemos una conducta que trata de proteger al ADN del individuo o al de su grupo frente al de otros en situaciones de escasez de recursos.

Los estereotipos sobre los grupos se forman para que luego, cuando ves a un individuo suelto de ese grupo, establezcas un prejuicio sobre él. Por ejemplo, asumir que todos los españoles bailamos sevillanas o dormimos siesta es un estereotipo. Si yo estoy en Alemania y alguien asume que, por mi procedencia, tengo esos gustos y hábitos, está usando el estereotipo de mi grupo para establecer un prejuicio individual sobre mí. Puede acertar o no, pero nuestros cerebros trabajan así, con esos cálculos y predicciones.

En el cerebro existen diferencias entre cómo procesamos los estereotipos y los prejuicios. Mientras los prejuicios están más vinculados al sistema límbico, cuyas estructuras están muy relacionadas con el procesamiento de emociones, los estereotipos constituyen un aprendizaje. Esto implica que los estereotipos son algo más racional, por así decirlo. En esta distinción entre quiénes somos «nosotros» y quiénes son «ellos» participan estructuras cerebrales involucradas en la determinación de categorías. Al fin y al cabo, lo que hacemos al formar un estereotipo es una lista de características comunes que cumplen unos individuos, como si de determinar una especie se tratara. El lóbulo temporal en nuestro cerebro está encargado de esto, tanto de almacenar la información de las categorías como de las tareas semánticas de asociar palabras a conceptos. Mediante repetidas exposiciones a grupos, el lóbulo temporal va construyendo una biblioteca de palabras y conceptos asociados a estas categorías.

Cuando esta información llega al córtex prefrontal, este se encarga de formar una impresión sobre la base de la información que saca de esa biblioteca del lóbulo temporal, le pone

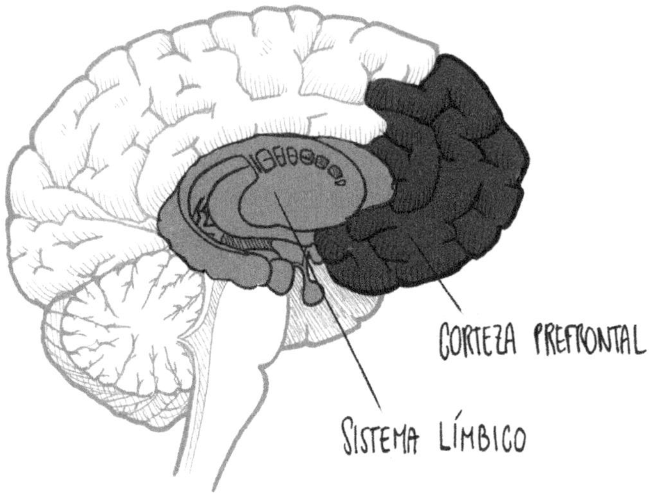

Figura 8. Representación de estructuras cerebrales: córtex prefrontal y sistema límbico

nombre a esas categorías reuniéndolas en paquetes de información que constituirán los grupos. Es ahí donde encontraremos categorías más complejas que nos permitirán reconocer nacionalidades, equipos de fútbol, religiones, partidos políticos, etc. Por último, ante la presencia de otra persona, una estructura próxima llamada giro frontal es la que termina de validar a qué grupo pertenece. Esta parte del cerebro se encarga de confirmar que la información de la biblioteca del lóbulo temporal y la del córtex prefrontal encajan y, por lo tanto, determinar que esa persona cumple el estereotipo de pertenecer a un determinado grupo.

Cuando estás cenando en España en un restaurante y en la mesa de al lado está sentado un señor blanco repeinado, con chaleco azul marino, camisa y náuticos, tu cerebro, después de haber estado expuesto a ese conjunto de características en el pasado, tanto en el día a día como en medios de comunicación

DATO CURIOSO

CÓRTEX PREFRONTAL

El córtex prefrontal es la gominola de la *neurobasura*. A todos los que metemos la patita en las ciencias que estudian el comportamiento nos encanta mencionar esta estructura. En la historia pasamos de pensar que no valía para nada a responsabilizarla de absolutamente todo.

Este camino lo abrió Phineas Gage en 1848 cuando una barra le atravesó el cráneo. Los científicos observaron alteraciones en la conducta de este obrero de ferrocarriles que pasó a la historia como el hombre que se convirtió en un cretino tras un daño en su corteza prefrontal.

A esta estructura se le atribuyen principalmente funciones de control ejecutivo, es decir, planificación de tareas, regulación, evaluación de situaciones, control inhibitorio, toma de decisiones, fluidez verbal, control atencional, etc.

Dada esta larga lista de funciones, el córtex prefrontal se menciona en absolutamente cualquier *neurotema*. Es así como caemos en el error de pensar que esa parte del cerebro es nuestra parte más racional, más humana, y que el resto del cerebro tiene funciones más primitivas relacionadas con el movimiento, el procesamiento de los sentidos y las emociones. Es tradicional entender estas últimas como parte del sistema límbico, un sistema primitivo de recompensa y castigo que regula las emociones que vinculamos a las experiencias de forma negativa y positiva. Hoy en día las ciencias del comportamiento no se mueven en esta dualidad, sino que registran una gran variabilidad de emociones que no podrían darse de no existir una fuerte conexión entre el sistema límbico con otras áreas del cerebro como el córtex prefrontal o la corteza cingulada anterior.

que caricaturizan este tipo de indumentaria, ha conformado el estereotipo de que las personas que visten así son conservadoras socialmente y liberales en aspectos económicos. Luego el susodicho abre la boca para decir algo como «Ni machismo ni feminismo, ¡igualdad!» y ya te lo confirma.

Esta categorización es totalmente racional. Con racional no quiero decir real, existen estereotipos sin fundamento extendidos por una sociedad que caricaturiza a otras culturas y colectivos por desconocimiento, rechazo u otros motivos que se escapan a mi comprensión.

A pesar de que podemos estar muy equivocados asumiendo que todos los miembros de un grupo reunirán determinadas características, en el cerebro se trata de procesos racionales, basados en la repetición de la experiencia, constituyen un tipo de aprendizaje predictivo, como ver el cielo nublado e intuir que va a llover. Puede llover o no, pero en el pasado tu cerebro ha estado expuesto tantas veces a lluvia precedida por un cielo nublado que es lo que ha aprendido.

Nuestro cerebro trabaja haciendo predicciones constantemente, lo hace para protegernos, para saber qué cosas constituyen una amenaza.

Como si de un ordenador se tratara, tenemos un sistema atencional que está constantemente comprobando que el entorno se ajusta a lo que entendemos como seguro y normal. Cualquier cosa que se salga del sistema de predicciones va a hacer saltar una alarma que desata una respuesta emocional. Es así como una serie de registros racionales, basados en un sistema de predicciones, pasan a lo que podríamos denominar coloquialmente como una respuesta más visceral o emocional.

Insisto, cuando digo que los estereotipos son construcciones racionales del cerebro no implica que representen la realidad, que sean acertados o que debamos guiarnos por ellos. Son racionales si entendemos que se trata de datos que almacena el cerebro, pueden ser acertados o no, pero son datos, no emociones.

Sin embargo, cuando nos topamos en la vida con individuos que reúnen esas características tenemos experiencias y vivencias que almacenamos emocionalmente.

Indudablemente esa indumentaria que para mí está asociada a unos valores negativos y, por lo tanto, a emociones desagradables, para otros supone una experiencia positiva. De lo contrario, nadie vestiría así. Pasa lo mismo con los símbolos. Del mismo modo que tienen la utilidad de recoger a un grupo de personas, visibilizar su realidad y reforzar el sentimiento de pertenencia, para personas alejadas del grupo puede suponer un motivo de rechazo y una experiencia negativa.

Sin abandonar ese restaurante en España, si observamos detenidamente al caballero con el vulgarmente denominado *fachaleco*, es posible que tenga alguna prenda u objeto condecorado con la bandera de la nación. Puede ser una pulsera, un llavero, un cinturón o una mascarilla.

Ayer mismo vi en Netflix un documental sobre banderas que reflejaba la complejidad de las mismas. Es casi imposible que un símbolo recoja todas las sensibilidades de una nación y todo el mundo se sienta identificado con él. Cuando se trata de una bandera más todavía, ya que tratas de representar a millones de personas que pueden estar o no de acuerdo con la historia que representa. En el caso de España, nuestra bandera está tan manoseada por conservadores, taurinos, antiabortistas, homófobos y otras glorias, que no resulta extraño que los demás tengamos miedo de que se nos pegue algo de eso si nos arropamos con ella. A no ser que ganemos un mundial. ¡Ahí sí! ¡Mucho españoles y muy españoles!

Las vivencias personales van a construir tanto los estereotipos sobre los grupos como los prejuicios que se desatarán en una persona concreta.

En el establecimiento de los prejuicios participan áreas del sistema límbico que regulan nuestras emociones como la amígdala y otras más vinculadas al miedo, como es el caso de la ínsula. Desde el punto de vista evolutivo, los prejuicios se constituyeron para ser una señal de peligro, un aviso de que el individuo que nos encontramos no es de los «nuestros» y, por lo tanto, es peligroso.

La amígdala es una parte de nuestro cerebro que trabaja recogiendo la información que nos llega a través de los sentidos y poniéndole una emoción. Como por ejemplo cuando hueles canela, el sabor que más detestas en el mundo. Tu amígdala toma ese olor y le pone una etiqueta de emoción desagradable.

Las emociones vinculadas a prejuicios son más complejas que un olor y por ello hay más estructuras involucradas en el procesamiento de los prejuicios. Una de las más importantes es la ínsula, la cual, además de participar en las emociones vinculadas al miedo, está implicada en la regulación de procesos de empatía.

Nuestro cerebro tiene la capacidad de interpretar las sensaciones y sentimientos que está viviendo otro individuo pero, curiosamente, esta zona del cerebro se estimula más con un miembro de los que consideramos «los nuestros». En un estudio se observó cómo esta zona se estimulaba más al ver sufrir a personas de nuestra misma raza. Esto podría implicar que empatizamos más con «los nuestros».

A pesar de que hay otras partes del cerebro involucradas en el procesamiento emocional del prejuicio, este también tiene una parte racional. Se puede ver activación en partes de la corteza prefrontal, ya que esta nos va a preguntar el porqué de esa emoción. Esta última parte es la que va a utilizar ese archivo de estereotipos integrando las emociones que sentimos frente a una persona de determinado grupo con las características racionales que tenemos almacenadas.

Una vez más, la conducta humana es mucho más compleja que esta explicación. Cuando interpretamos nuestros comportamientos poniendo localizaciones anatómicas en el cerebro para cada parte del proceso, hacemos que todo parezca muy sencillo, como un ABC que funciona de la misma forma en todos los contextos e individuos. Me parece muy importante subrayar siempre al hablar de comportamiento que la neurociencia sola se queda muy coja a la hora de dar una explicación satisfactoria. Como siempre, es necesario trabajar estos conceptos desde la interdisciplinariedad teniendo en cuenta lo que denominamos factores biopsicosociales. En tal caso, la neurociencia será la herramienta para comprobar si las teorías de otras ciencias como la psicología encuentran localización anatómica en el cerebro.

Es difícil encontrar una utilidad para los prejuicios hoy en día ya que sobra decir que fallan constantemente. Esto fastidia mucho a mi mente, a veces cuadriculada, porque cuando algo se mantiene en la evolución es porque supone una ventaja, ¿no? ¿Quiere esto decir que acertamos más veces de las que fallamos?

Cuando hablamos de cómo algunos genes y comportamientos se conservan en la evolución, estamos dando una explicación de por qué se conservaron, pero no quiere decir que esa explicación recoja la utilidad actual de la conducta. De hecho, la diversificación es una parte fundamental en la evolución.

Como en un cuento infantil, me voy a inventar un animal, el linopico. Se trata de un roedor peludo con ojos saltones y orejas desproporcionadamente grandes. Tiene la cara redondita y una mandíbula minúscula. Es adorable. Vive en cuevas trepando por sus paredes y planeando para cazar murciélagos. Se trata de una especie autóctona de Papúa, Indonesia, y vive en las montañas más altas de Oceanía. En cuanto se descubrió la cantidad de oro y cobre que hay en esas montañas, comenzó una explotación minera que llenó de polvo las cuevas que habita.

El ciclo de vida del linopico es corto. Alcanzan su madurez sexual a los cinco meses y su esperanza de vida es de año y medio. Generación tras generación, los linopicos que desarrollaban unos párpados más traslúcidos adquirían visibilidad para cazar dentro de las empolvadas cuevas, a la vez que protegían sus ojos de las arenillas. Los murciélagos, con una esperanza de vida de más de treinta años, no tuvieron margen para adaptarse en la carrera armamentística contra los linopicos, que comenzaban a cazar a estos quirópteros sin dificultad aumentando así su población.

Cuando el número de linopicos creció sin límites, sus recursos, los murciélagos, se agotaron. Esto impulsó a algunos individuos a abandonar las cuevas en busca de alimento. Hasta ese momento, estos adorables roedores no habían abandonado las cuevas de día porque sus ojos no estaban adaptados a la luz solar y, si cerraban los párpados para protegerse, no veían a las presas. Salir de las cuevas carecía de interés para ellos. Los murciélagos salían a cazar y ellos esperaban tranquilos a que regresasen.

Gracias a los párpados traslúcidos, cuya función principal era protegerlos de las arenillas, los linopicos pudieron soportar la luz del día y salir a cazar. Esos párpados ligeramente traslúcidos funcionaron como unas gafas de sol.

Estos animales fantásticos son un ejemplo de cómo una característica que evoluciona como adaptación a una situación concreta puede tener una función distinta, o varias, en otro ambiente.

Ahora que te has encariñado con los linopicos, es posible que te entristezca que se trate de una especie ficticia. Puedes secarte esas lágrimas porque unas investigadoras de la universidad de Masachuches han descubierto que son reales. Aunque no te va a gustar su adaptación a nuestro medio.

Los linopicos se han extendido por todo el planeta y han

desarrollado adaptaciones para alimentarse de tu frustración. Son los encargados de manipular objetos y situaciones para que te sientas una persona totalmente incomprendida. Son los que hacen el ruido en el motor que deja de oírse cuando lo llevas al mecánico, los que esconden las cosas para volverlas a dejar en el sitio cuando van tus padres a ayudarte a encontrarlas y los que hacen que la hamburguesa que habías probado un sábado de madrugada, brindándote la experiencia gastronómica de tu vida, sea una bazofia cuando llevas a tus amigos a cenar un martes.

Así que, la próxima vez que te encuentres en una situación así, mira a tu alrededor, es posible que encuentres a un diminuto linopico con párpados como gafas de sol mofándose de ti en una esquina.

SENSACIÓN DE PERTENENCIA

Independientemente de las trastadas de los linopicos, hay otros motivos que pueden hacer que sintamos soledad e incomprensión. El rechazo de otros miembros de la especie puede ser devastador y es precisamente el impulso de pertenecer a un grupo el que puede hacer que los estereotipos sean acertados en más ocasiones de las que cabría esperar. El individuo tiende a adaptarse al grupo. Si hay una característica que no cumple, la búsqueda de aceptación hará que trate de imitar al grupo. Nuestros padres tienen razón: si Fulanita se tira por un puente, nosotras también.

Desde que nacemos tenemos un grupo, nuestra familia. En un entorno saludable, esta familia nos protege, nos cuida, nos da alimento y recibimos validación por parte de ellos. Nuestra autoestima se ve reforzada en presencia de «los nuestros», nos sentimos seguros y aceptados. Cuando abandonamos el entorno familiar para ir a la escuela y otras actividades buscamos un nuevo grupo. Allí no tendremos lazos de sangre con nadie y por esta razón buscaremos a personas que se parezcan a nosotros para establecer otros vínculos. Si vemos a individuos con gustos similares a los nuestros nos asociamos formando un nuevo grupo. Es así como hacemos pandillas de amigos.

Generalmente se establecen lazos sobre la base de algo común: música, deporte, ocio, literatura, etc. Cuando un grupo empieza a constituirse desde cero es probable que los individuos aporten cosas individuales a la identidad colectiva del mismo. Si en un grupo de alumnos aficionados a la música hay un par de miembros que también juegan a videojuegos online, es probable que el resto se unan a ellos y, con ánimo de permanecer más tiempo en las dinámicas grupales disfrutando del sentimiento de pertenencia, de su protección y de su validación, asuman características que inicialmente no tenían.

No me canso de subrayar que estas pautas son generalidades que no tienen por qué representar la totalidad de las dinámicas de grupo que suponen una materia muy compleja. Lo que sí podemos determinar con exactitud es que el rechazo duele. No solo de forma figurada, sino que podemos ver mediante imagen cerebral cómo la no aceptación por parte de otros puede estimular áreas del cerebro que procesan el dolor. Esta cuestión nos hace especie social casi a la fuerza.

La cuestión va más allá de la pertenencia al grupo. Compartir espacio con personas si estas no te valoran y no eres parte activa de las dinámicas de ese grupo puede ser tan doloroso o más que la soledad. A esto se le llama necesidad de aceptación y validación.

Existen teorías que explican cómo la ansiedad social y los celos son emociones que aparecen para avisarnos de que nuestra valía en el grupo puede estar en peligro y nos impulsan a actuar al respecto. Los celos no son exclusivamente una cuestión de pareja sino que podemos verlos entre hermanos, compis de clase, de trabajo o amigos.

Mark R. Leary, autor de una revisión al respecto en 2021 para el *Australian Journal of Psychology* dice que «Parece que la naturaleza quería asegurarse de que los seres humanos prestasen la atención adecuada al rechazo potencial y real en cualquiera de sus formas».

La revisión estudia más de cuarenta años de trabajo sobre emociones en relación con el comportamiento social y establece que reacciones como la soledad, los celos, la culpa o la vergüenza aparecen cuando una persona percibe que su valor en el grupo es bajo.

En contraposición, estas emociones que aparecen como alarma incentivan acciones de corrección.

Esto nos resulta muy familiar. A veces te vas de la lengua y dices cosas en caliente que realmente no piensas o sientes. Después de esto, lo más común es que te vengan emociones de vergüenza y culpabilidad. Estas emociones te alarman de que algo no va bien, de que puedes haber llevado a cabo una conducta que perjudica tu relación con el grupo o con una persona y aparecen, por lo tanto, conductas que tratan de enmendar eso como por ejemplo pedir disculpas.

Aprovecho aquí para compartir un aprendizaje sobre la culpa y la vergüenza. Es muy importante aprender a distinguir estos conceptos y yo no lo sabía. No me cansaré nunca de hablar de lo positivo que es ir a terapia. Aprendes cosas con casi treinta años que sientes que deberías haber sabido desde primaria. ¡Qué fácil hubiese sido todo!

Ambas emociones parten de un contexto cultural y una moral donde hay cosas buenas y malas. Este contexto y esta moral pueden ser generalizados en la sociedad o pueden ser particulares. Quiero decir que, lo que para una familia es impensable, como que un hijo saque malas notas o se emborrache, en otra puede no suponer un *megadrama*. Por esta razón, en cada individuo se forma un sistema de valores en el que se mezclan los valores generales de la sociedad con los particulares del entorno.

Simplificando mucho, la culpa es una emoción directamente vinculada a la acción. Suspendes un examen por no haberlo preparado en absoluto y sabes que la culpa es tuya. Sin más. La vergüenza supone medir tu valía como persona sobre la base de esa acción.

Dicho así puede parecer que la culpa es sana y la vergüenza no, pero todo depende de cómo se gestione. Si somos capaces de responsabilizarnos de nuestros actos y procesarla adecuadamente, la culpa no tiene por qué tener un impacto negativo sobre nosotros. Pero existen otras formas de procesar la culpa que pueden ser muy perjudiciales. En el caso de la vergüenza, esta puede tener fines adaptativos. Si alguien te pregunta algo y no conoces la respuesta, la vergüenza te permite evaluar tus capacidades para impedir que lleves a cabo una acción que después te puede dejar en evidencia o poner en entredicho tu valía en el grupo.

Ahora que me viene esto a la mente me está entrando la risa al pensar en la cantidad de personas, hombres en muchos casos, cuyo mecanismo de vergüenza debe estar alterado. Aunque no tengan ni p**a idea de lo que hablan, no se cortan. Su concepto de valía en el grupo debe depender de ser los conocedores de absolutamente todo y las antorchas que iluminan con conocimiento a los demás.

El problema de la vergüenza es que, en muchas ocasiones, viene acompañada de la crítica, que puede llegar a ser patológica incluso. Nuestro diálogo interno, la manera como nos hablamos a nosotros mismos, es importante. La vergüenza, el hecho de que yo pueda juzgarme o devaluarme por mis acciones, es la que me puede decir que soy una vaga, un desastre o una tonta. Mensajes que, desde luego, no ayudan a construir un buen autoconcepto.

La conclusión de todo esto, el mensaje elemental que pienso que debería enseñarse ya en primaria, es el hecho de que deberíamos tratarnos como tratamos a otras personas y querernos incondicionalmente por el simple hecho de existir.

Yo nunca le diría a una amiga o a un ser querido que es torpe si se ha caído, que es un vago por suspender o que no debería exponer su cuerpo en público porque es una persona gorda. Sin embargo, son cosas que me he dicho a mí misma infinidad de veces.

Esto no quiere decir que no tengamos que ser críticos con nosotros o con la gente que nos rodea. Pero aprender a analizar la culpa de forma proporcionada y procesarla es vital para nuestro autoconcepto y salud mental.

No creo que leer esto de una petarda como yo sin formación en psicología pueda ayudar a alguien que tenga estos problemas. Si es el caso, la terapia y la atención individualizada a la situación particular es clave para detectar conductas que nos hieren y poder solucionarlas.

Lo que sí me parece importante a escala comunidad es aprender a darle valor a las emociones. Nadie cuestiona que necesites asistencia o faltes al trabajo por un esguince. Se entiende que te duele y que hay un mal físico comprendido de forma universal que hay que curar. No conozco a muchas personas capaces de cuestionar ese tipo de dolor. Sin embargo, cuando el daño es emocional, como no se ve, no cuenta.

La diabetes tampoco la vemos, pero nos la creemos. Vemos síntomas. Pero también somos capaces de ver síntomas de emociones. Podemos ver lágrimas en otro cuando llora o podemos ver que alguien está pasando por una depresión si prestamos atención a su conducta. Lo que pasa es que no hay una herramienta de medida. Al contrario que en la diabetes, no llevamos un aparato capaz de leer la cantidad de depresión que tenemos. Necesitamos validarlo todo con pruebas materiales. Yo personalmente no las necesito, pero las hay. Que no existan pruebas al alcance de todo el mundo o no estén popularizadas estas nociones no quiere decir que el dolor que siente una persona vinculado a sus emociones no sea material y parametrizable incluso.

Insisto, no considero que tengamos que medirlo, el testimonio de una persona me basta para entender que está pasando por un mal momento. La calidad de comunicación verbal que tenemos y que ha llevado miles de años de evolución perfeccionar me parece suficiente. Asimismo, la ciencia de la psicología permite recoger los síntomas y hacer un diagnóstico para las afecciones mentales gracias a esta comunicación, sin necesidad de mirar el cerebro de cada persona. Igual que cuando describes los síntomas de un catarro a tu médico y, basándose en tu testimonio, sin necesidad de hacer siempre un cultivo bacteriano, sabe lo que te pasa y te receta un antibiótico.

La salud mental es física. Lo que entendemos como mente tiene emplazamiento físico en estructuras cerebrales cuyo funcionamiento puede estar herido y es necesario repararlas. Esto puede hacerse generalmente mediante conducta, es decir, terapia con profesionales de la psicología clínica certificados para ello o, en casos concretos y con supervisión psiquiátrica, administrando fármacos para sanar.

EL SISTEMA NERVIOSO

Me gusta hablar de heridas cuando se habla de emociones porque a veces me da la sensación de que pensamos en el cerebro como en un borrón en la cabeza. Como un alma, una mente, algo abstracto. No culpo a nadie, la cantidad de representaciones e ilustraciones del cerebro que inundan internet no ayudan a formar una imagen precisa del cerebro en el imaginario colectivo.

La verdad sobre el cerebro es muy poco mística, es una estructura más, material, como el resto de nuestro cuerpo y, por lo tanto, puede ser dañada físicamente. No solo por barras de hierro que atraviesan nuestro cráneo como en el caso de Phineas Gage, la conducta y las vivencias también pueden dejar marcas en el funcionamiento cerebral perjudiciales para la salud.

El cerebro tiene sus particularidades, pero en definitiva, está constituido por elementos materiales que interactúan con sus reacciones químicas, igual que un riñón.

Como todo órgano, este tiene funcionamientos que se catalogan como sanos e insanos. Siempre hay cierta gradación, pero hasta en procesos cognitivos podemos hablar de procesos más beneficiosos para el individuo.

Mi percepción de mi conocimiento sobre el cerebro y el general son como una montaña rusa que transita la curva de Dunning-Kruger. Hay días que leo un artículo sobre cómo funcionan las neuronas espejo, materia de la que hablaremos más adelante, y, al siguiente, me veo en el más absoluto pozo de la ignorancia al darme cuenta de que ni siquiera tenemos un mapa que pueda representar todas las conexiones entre neuronas de un cerebro humano. Es como si no tuviésemos ni idea de por qué pasa lo que pasa.

Miramos el cerebro a través de imágenes cerebrales. Tecnología superpuntera. Pero no sabemos qué está ocurriendo. Sabemos que se activan regiones que podemos vincular a ciertas tareas, emociones y acciones, pero no entendemos dónde empieza y acaba el proceso y qué factores lo determinan exactamente. Y encima tratamos de estudiar los cerebros como granos de café. Los medimos, pesamos y estudiamos su función tratando de parametrizar y ajustar los valores a toda la población.

En un estudio que me llamó la atención se observaba cómo cada cerebro tiene una huella dactilar. Reconocible con nombre y apellidos. Esta huella no consiste en una zona de relieve característica como si de un sello se tratase, sino en patrones exactos en la comunicación de las neuronas.

Con esto, podemos concluir que tiene más relevancia el estudio de cerebros de manera individual que tratar de parametrizar todo ya que, en el camino, perdemos valiosa información y enmascaramos resultados.

A pesar de las limitaciones que presentan ciertos modelos de estudio actuales, que no podamos entender las cuestiones que determinan una conducta no quiere decir que no se halle evidencia contundente sobre los impactos de la misma sobre el cerebro.

Las fobias, por ejemplo, pueden verse a través de una imagen cerebral. La fobia es un trastorno de ansiedad caracterizado por miedo intenso y desproporcionado ante ciertas situaciones. Por ejemplo, en personas con aracnofobia se ha visto cómo sus áreas del cerebro implicadas en procesamientos del miedo estaban mucho más activas y eran de mayor tamaño que en personas sin aracnofobia. Esto muestra cómo el entorno y la conducta impactan en nuestro cerebro de forma física, derivando en una función perjudicial para nosotros. Por esto me gusta usar la palabra «herida» para este tipo de daños.

Para ir más allá, los mismos estudios que comprobaron esa huella de la fobia en el cerebro constataron cómo, tras procesos de terapia, hubo una disminución en la activación y el tamaño de esas áreas.

Resulta lógico que las heridas de la conducta se solucionen también a través de esta, ¿no? No encuentro mayor evidencia detrás de la terapia que esta. Comprobar cómo la plasticidad del cerebro puede utilizarse para moldearlo en favor de procesamientos más beneficiosos para el individuo me parece un sueño. Soy fan. Fan de la terapia, de la atención a las emociones, de la educación en valores afectivos, etc. Dime que pertenezco a la generación de cristal si quieres. No me importa. Pero la evidencia científica no es de cristal, es sólida y contundente en cuanto a la salud mental.

Las estructuras materiales que dan cabida a todo esto son las neuronas, las células del sistema nervioso. A las neuronas las conoces, aunque sea de oídas o para insultar a alguien diciendo que solo tiene una.

Las neuronas son un poco estrellitas, y no me refiero solo a su forma, sino también a que se han llevado toda la atención de los focos científicos durante años. Y, aunque son parte indispensable de nuestro funcionamiento, sin el resto de las células no podrían realizar ni la primera sinapsis, que es su forma de comunicación.

Las neuronas están formadas por un cuerpo, *soma*, que es como un centro de operaciones, un ordenador que procesa la información con un núcleo donde su ADN da instrucciones a la neurona para que esta sepa lo que tiene que hacer. Los mensajes del entorno, que pueden ser tanto físicos como químicos, los recibe a través de unas prolongaciones que se llaman dendritas. Son como buzones que están esperando a que llegue una señal. Cuando llega la pasan rápidamente al soma y de este, si se considera pertinente, el mensaje pasa al axón. Esta estructura es una prolongación generalmente mucho más larga que el resto de las proyecciones del soma. Las ballenas tienen axones de hasta tres metros y en el cuerpo humano hay axones de más de un metro.

Funcionan como cables que transportan el mensaje que ha recibido la neurona a la siguiente célula, que puede ser otra neurona o no. Este mecanismo es esa sinapsis que mencioné anteriormente. De esta forma, el cerebro puede procesar información de otros puntos del cuerpo o interconectar partes del cerebro entre sí. Como un ordenador.

Las estructuras encargadas de procesar el dolor son los nociceptores. Son terminaciones libres de axones neuronales, están desprotegidas y listas para recibir cualquier estímulo que las active.

Tenemos nociceptores en casi todas las estructuras corporales y están repartidos por la piel, los órganos, el tejido conectivo..., en definitiva, por todos los lados. La única parte del cuerpo caracterizada por carecer de nociceptores es el cerebro. Bastante tiene con lo que tiene, es el encargado de procesar el dolor, no tiene tiempo para preocuparse de si hay daños o no en sus propias estructuras.

El cerebro forma parte del sistema nervioso central, que es el encargado de recoger todos los estímulos que provienen del sistema nervioso periférico.

El sistema nervioso central está formado por la médula, que está protegida por la columna vertebral y por el encéfalo, compuesto de varias estructuras como el cerebro, el cerebelo y el tronco encefálico. Del sistema nervioso central (SNC) parte, o llega, según cómo se mire, el sistema nervioso periférico (SNP). Este se encarga de recoger los estímulos que percibimos a través de los sentidos y de hacerlos llegar al SNC para que este emita una respuesta.

El SNP se compone de nervios, que son conjuntos de axones de neuronas. Los nervios van desde la médula espinal hasta todo el organismo y, gracias a ellos, como te decía, se constituyen los sentidos. Los órganos tienen estructuras receptoras de estímulos como los conos y bastones que tenemos en la retina ocular, las papilas gustativas de la lengua o los receptores del tacto en la piel. Los nociceptores se parecen mucho a estos últimos. Realmente, los receptores de la temperatura, el tacto y el dolor son muy semejantes.

Un ejemplo sencillo de procesamiento de dolor es cuando te pinchas con un cactus. Tu piel sufre una lesión física en la que van a presionar de forma directa muchos de estos nociceptores que ya reciben esa presión física como señal. A la vez, se liberan sustancias químicas relacionadas con procesos de curación. Esas sustancias inician procesos de inflamación con prostaglandinas, histaminas, sustancia P y otras cosas que también activan a los nociceptores químicamente avisándoles de que hay un daño.

La señal del nociceptor va a través de esos cables del sistema nervioso periférico a la médula y al cerebro, el cual tiene áreas encargadas de procesar el dolor. Allí se hace consciente el dolor y, gracias a un mapa somatosensorial que representa todas las partes de nuestro cuerpo en el cerebro, este puede saber la localización del daño. En consecuencia, el cerebro va

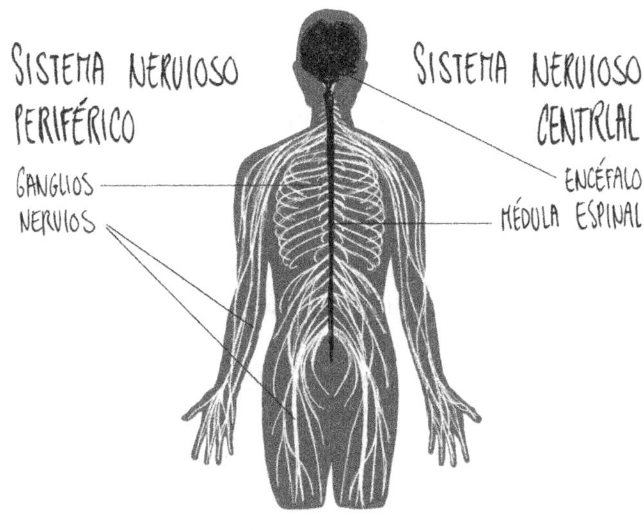

Figura 9. Sistema nervioso central constituido por la médula espinal y el encéfalo, y sistema nervioso periférico constituido por nervios

a emitir una respuesta conductual al dolor percibido, en este caso, con movimiento. Va a ordenar a los músculos retirar la mano de ahí.

Como sabes, esto ocurre en cuestión de segundos, muchas veces no da tiempo ni de ser conscientes del daño. En ocasiones, incluso, algunas de estas respuestas se hacen directamente desde la médula, sin que tengan que pasar por el cerebro para emitir una respuesta. Es el caso del clásico reflejo rotuliano, donde el médico te da con un martillo en la rodilla y tú le das una patada involuntaria, aunque bien merecida. ¿Qué es eso de ir dando martillazos a la gente?

Sin embargo, el propio cerebro no duele. Carece de nociceptores para recibir señales de daño de sí mismo. Cuando una persona padece un ictus, un infarto cerebral, lo vemos en la afectación de algunas funciones de las que se encargaba el área afectada pero, al contrario que en un infarto de corazón donde este sí duele, el ictus no duele. Generalmente, puede percibirse en el habla o en la parálisis de algunas partes del cuerpo, ya que son funciones reguladas por estructuras próximas a las arteriolas cerebrales que pueden dar lugar al ictus.

Cuando nos duele la cabeza, nos duelen las estructuras que la rodean. Los músculos, vasos sanguíneos, ganglios o tejido conectivo que pueden estar inflamados por cualquier motivo y, como estas partes sí tienen nociceptores, se estimulan y duelen.

El dolor lo percibimos a varios niveles, por un lado se activa una localización física para ese dolor, pero también hay una percepción y un malestar consciente de estar sufriendo.

Son estas estructuras, las de percepción de malestar consciente, las que están más relacionadas con los procesos de castigo y tienen más relación con ese dolor vinculado a las emociones y al rechazo social. Del mismo modo que tu cerebro busca mecanismos conductuales basados en el movimiento para alejarte de aquello que te está lesionando y curar la herida. Estos mecanismos de dolor vinculados a las emociones son los que despiertan una necesidad de una acción conductual que pare ese sufrimiento, apareciendo la vergüenza, los celos, la culpa y otras de las emociones que he mencionado anteriormente que nos pueden impulsar a solucionar conflictos sociales.

NEURONAS ESPEJO Y APRENDIZAJE

Estar en grupo nos beneficia en muchos aspectos, pero uno de los más importantes es el aprendizaje. Somos máquinas de imitar y necesitamos rodearnos de modelos para ello.

En una interpretación simplista esto nos puede resultar negativo, como una pérdida de personalidad y autenticidad, pero los mecanismos implicados en la imitación de otros seres humanos han sido fundamentales en el desarrollo de la especie.

Tenemos unas neuronas muy especializadas en esta tarea de la mímica: las neuronas espejo. Puede resultar un concepto familiar porque estas neuronas están muy de moda. Se suelen poner como ejemplo para explicar por qué bostezamos al ver a otra persona bostezar. Pero independientemente de estos actos casi involuntarios, las neuronas espejo tienen funciones importantes en el aprendizaje motor y en los procesos de empatía, aunque estos no dependan exclusivamente de ellas.

Las neuronas espejo son lo más parecido que tiene la especie humana a poder leer la mente del otro, a saber qué es lo que está pasando en su cerebro.

Cuando vemos a una atleta haciendo una flexión, lo que estamos viendo es cómo mueve sus músculos, articulaciones y tendones. Estas estructuras se coordinan en ese movimiento gracias al sistema nervioso. En la cabeza de esa atleta se activan zonas del cerebro que se encargan de la movilidad de esos músculos, articulaciones y tendones.

Pues bien, al ver ese movimiento, nuestras neuronas espejo se activan y a su vez activan las zonas de nuestro cerebro que están implicadas en el movimiento de esos músculos. Solo con la vista, nuestro cerebro es capaz de adivinar qué es lo que está pasando en esa cabeza y qué regiones está activando. No vamos a realizar el movimiento, simplemente estamos interiorizando qué elementos le han hecho falta para realizarlo.

Este mecanismo es fundamental en el aprendizaje. Los bebés aprenden así. Nos observan constantemente y hacen pruebas repitiendo lo que ven. La combinación de la observación y práctica posterior es lo que ayudará a perfeccionar el movimiento. De esta forma, podemos aprender bailes, coreografías, deportes y juegos, pero también emociones.

Hay quien dice que el mejor remedio para la tristeza es una sonrisa. Yo rehúyo de esta afirmación, no porque sea incorrecta (en gran parte sí), sino porque me preocupa la invalidación de la tristeza como emoción.

Las emociones tienen su lugar en nuestro desarrollo como personas así como en nuestro cerebro. El sistema límbico, junto a otras funciones, es el encargado de procesar información relacionada con las emociones y también se conecta con otras áreas del cerebro encargadas de integrar esa información y emitir una respuesta. Cuando ocurre algo que te produce alegría, se activa tu sistema límbico adjudicando a lo ocurrido esa emoción y, a su vez, va a activar procesos fisiológicos y mecánicos asociados a la alegría.

Detrás de una sonrisa puede haber muchas emociones, pero mayoritariamente está asociada a experiencias positivas, a felicidad y alegría.

Al sonreír movemos muchos músculos de la cara que dan lugar a nuestra expresión. Si veo a alguien sonreír, mis neuronas espejo se activan y mandan señales a otras neuronas del cerebro. En este caso se trata de neuronas de áreas motoras que activan los músculos implicados en la sonrisa. Como si adivinase qué botones se activan en la otra persona para sonreír. Queramos o no, nuestro cerebro no puede evitar tratar de descifrar qué áreas motoras del cerebro está activando la persona que tenemos delante.

Todo esto no quiere decir que yo vaya a devolver automáticamente la sonrisa. Es un movimiento voluntario que tengo que devolver de forma consciente. Independientemente de esto, hay dos partes de mi cerebro conectadas con ese proceso que se van a activar por las neuronas espejo: los circuitos motores que van a dar lugar a la sonrisa y las emociones positivas vinculadas a esta. Cuando las neuronas espejo activan esas regiones motoras de la sonrisa, activan indirectamente la emoción vinculada a ella. Como cuando llamas al timbre de tu amigo del cuarto piso y se escucha el interfono en todo el edificio.

Gracias a esto, a la lectura de expresiones faciales, el *Homo sapiens* no solo consigue interpretar lo que está sintiendo otro individuo, sino que puede empatizar con él.

Algunos estudios han comprobado que es mucho más probable que un ser humano se ría en grupo que solo. La sonrisa y las carcajadas son mecanismos para exteriorizar y compartir una emoción.

Yo debo de estar chalada, porque te juro que me echo unas risas yo sola en mi casa que no es normal. Ataques de risa y todo. Me caigo francamente bien.

En definitiva, la sonrisa y otras muecas vinculadas a las emociones funcionan como un mecanismo de lectura de la mente del otro. Cuando detectamos un patrón de movimiento muscular, nuestras neuronas espejo nos ayudan a sentir la emoción que está sintiendo el otro o, al menos, a interpretarla.

Este mecanismo mediante el cual la sonrisa activa esas zonas del cerebro vinculadas a la alegría no ha sido un éxito en la evolución para que te deshagas de tus sentimientos y uses la alegría como única emoción válida. Es un mecanismo fruto de una sociedad empática, una especie para la que es determinante la comunicación con el resto de los individuos.

Parece que con esto ya estaría explicada la empatía, algo tan sencillo como tener a otra persona delante, leerle la mente y que nuestro cerebro presione las mismas teclas para sentir lo mismo. Entonces, si no estamos viendo a alguien, ¿no podemos empatizar con esa persona? Si empatizamos con una amiga al teléfono, ¿es porque la estamos visualizando ahí enfadada con cara de ñu?

No. Aunque las emociones y la empatía tienen relación con este sistema de neuronas espejo, la evidencia nos dice que no son la única base para ella. El problema, una vez más, es que cuando miramos el cerebro lo hacemos de forma muy sesgada. Es mucha la información que desconocemos sobre cómo se procesa la información en él. Con las herramientas y conocimientos actuales no podemos determinar exactamente cómo se procesan cuestiones tan complejas y con tanta variabilidad entre individuos como es el caso de las emociones. Por no hablar de la empatía, que supone procesar las emociones de otros.

Muchos estudios no relacionan la empatía exclusivamente con la percepción de expresiones, sino que también apuntan a que existen otros sustratos neuronales a cargo de esta.

Se vincula la corteza somatosensorial en el cerebro, esa que recoge la información del tacto, temperatura, dolor y otras sensaciones corporales, con las emociones. Tradicionalmente se ha entendido que esta parte de la corteza procesaba estímulos exclusivamente mecánicos, pero se está encontrando evidencia de que puede estar también involucrada en la regulación emocional. Podemos pensar aquí en los abrazos. En cómo tocar a alguien y aplicar presión sobre ciertas partes de su cuerpo puede suponer un alivio para la otra persona y una disminución en las hormonas relacionadas con estados de estrés.

Parece una locura que un abrazo, un estímulo puramente mecánico, pueda derivar en un impacto emocional, pero realmente tiene su lógica. Como en el caso del timbrazo a tu vecino del cuarto, muchas áreas del cerebro se activan de forma secundaria ante estímulos. La neurociencia nos hace descompartimentalizar cada vez más el cerebro y estudiar su funcionamiento de una forma más integral. Esto supone una gran dificultad pero también un reto estimulante.

Por cierto, cuidado con esto de abrazar. No tiene por qué funcionar para todos. La teoría está muy bien, pero insisto, la variabilidad entre individuos existe y muchas cuestiones solo son aplicables a una parte de la población. Practicar el consentimiento y preguntarle antes a la persona si quiere un abrazo será un acierto.

Esto último puede que sea el origen del gran salto evolutivo de la especie humana, la comunicación.

A lo largo de la historia de nuestro planeta ha habido muchas especies que han destacado por su adaptación al medio, pero, sin duda, la especie humana ha dado un salto evolutivo sin precedentes que encuentra sus cimientos en la capacidad de comunicarse de formas muy complejas y elaboradas con el resto de los individuos y, sobre todo, de la capacidad de pasar estos conocimientos de una generación a otra.

Esto nos hace ciertamente vulnerables, sobre todo en las primeras etapas de vida. Existen especies animales que nacen sin la necesidad de ser cuidados por sus padres. Nacen de huevos abandonados a su suerte con la capacidad de buscar alimento y cobijo y de sobrevivir. Nosotros no, un bebé sin adultos a los que imitar y de los que aprender no solo está destinado a una muerte inminente al no poder procurarse alimento, sino que será incapaz de desarrollar siquiera un lenguaje.

Esta capacidad semántica de asociar conceptos a símbolos o palabras no es exclusiva de la especie humana, los chimpancés, por ejemplo, si son enseñados por humanos son capaces de utilizar guías de símbolos a los que asocian un significado y mediante el cual pueden comunicarse con sus cuidadores para demandar un melocotón, jugar, dar un paseo o ir a dormir.

El lenguaje es la base de nuestra cultura y el exponencial avance de la misma. Si somos capaces de transmitir muchos conceptos a la descendencia, esta los incorporará rápidamente pudiendo alcanzar conocimientos nuevos. Trabajar en equipo y compartir ideas brinda nuevo conocimiento, por no hablar del momento en el que a alguien se le ocurrió escribir cosas importantes. A esas personas les plantaría un beso en sus morros egipcios, mesopotámicos, chinos y mayas.

5

SI NOS ORGANIZAMOS, FO**AMOS TODOS

Una de las cosas más tristes que he leído últimamente no procedía de la ficción, sino de un par de libros de neurociencia. Gina Rippon en *El género y nuestros cerebros* y Dick Swaab en *Somos nuestro cerebro* hacen referencia a una historia de niños criados en orfanatos en Rumanía para explicar el impacto en el cerebro de lo que ocurre en nuestra fase temprana del desarrollo.

Se sabe que los primeros meses y años de vida son determinantes para el desarrollo intelectual y afectivo y Dick hace hincapié en cómo estos niños, que apenas disfrutaban de tiempo con las cuidadoras del orfanato, tenían cerebros más pequeños que la media: «Arrastran limitaciones a nivel intelectual, lingüístico o motor durante el resto de su vida; además, se muestran más impulsivos e hiperactivos».

El desarrollo del cerebro, como el del resto de los órganos de nuestro cuerpo, está condicionado por distintos factores. El primero es el ADN, ya que muchas enfermedades relacionadas con el sistema nervioso tienen una base genética de la que no podemos escapar. Pero, más allá de la genética, la interacción con el entorno es muy importante. La evidencia apunta, cada vez más, a lo determinante que es para el bebé el periodo de gestación. Durante esos meses en el vientre materno se construyen los cimientos de todas las estructuras cerebrales y la base de lo que en un futuro será nuestro cerebro adulto. La dieta que sigue la madre, así como el ambiente que la rodea, son factores fundamentales que hay que controlar, de lo contrario las repercusiones en el cerebro y su futuro desarrollo pueden ser fatales.

Por último, la interacción con el entorno fuera del vientre es lo que acabará de condicionar el desarrollo cerebral. Un bebé ha podido tener la mejor de las suertes con su ADN y un periodo de gestación saludable, pero si el entorno familiar al que llega es negligente, esto puede provocar huellas irreparables en su cerebro.

Durante los primeros años de nuestra vida estamos aprendiendo de forma constante. Somos esponjas que observan y copian del entorno. A medida que esto sucede, el cerebro va estableciendo nuevas conexiones entre neuronas, crece y se hace más funcional. Sin una interacción saludable y constante con adultos, esos cerebros son como plantas sin regar. Como subraya Dick, las repercusiones no serán solo en el ámbito intelectual, un bebé sin un entorno enriquecedor tendrá grandes problemas a la hora de procesar el lenguaje y las emociones, lo que repercutirá gravemente en su futura sociabilización.

Nacemos buscando el contacto con nuestra madre para obtener alimento y protección. Desde el primer minuto de vida necesitamos una familia, un grupo de personas que nos brinde apoyo y protección. El derecho más fundamental cuando llegamos al mundo tiene que ser ese: tener una familia, una buena familia. Como digo, de ello depende en gran parte lo que vendrá después.

Una vez superada la fase de la niñez llega la adolescencia. Supone un punto de ruptura parcial con la familia y de búsqueda de la identidad fuera de ella. Gracias a esto podemos encontrar nuevos grupos de apoyo y protección. Nuevas familias en las que se van sucediendo generaciones que multiplican los núcleos familiares ampliando las redes de socialización.

Se dice que los humanos estamos separados, como mucho por seis grados. Según esta teoría, a través de una persona que conoce a otra y esta a otra, y así hasta seis grados, podemos estar en contacto con cualquier persona del mundo. Esto, según la wikipedia, lo pensó un escritor húngaro en 1930. Ahora con las redes sociales yo le puedo mandar un mensaje privado a Aitor Esteban, el político más interesante, a mi parecer, del panorama español. Igual tarda en leerlo, o no lo lee nunca, pero puedo contactar con él si me da la gana. No lo hago, pero saber que puedo me tranquiliza.

En definitiva, nos lo hemos currado mucho para constituir dinámicas sociales muy complejas, nos encanta presumir de ser sociedades muy avanzadas y, efectivamente, las dinámicas humanas no se quedan solo en la familia, en los amigos o en escribir a alguien a través de internet.

Formamos sociedades de muchas familias que comparten una misma cultura. Constituimos naciones e identidades comunes y, gracias a ellas, compartimos unas normas de conducta que facilitan la convivencia y dan lugar a escenarios de cooperación. Yo aporto el pan, tú la infraestructura para transportarlo, otro se dedica al transporte, otro a la obtención de energía, etc. Todos los miembros de esas sociedades se hacen imprescindibles para que funcione ese complejo entramado que va desde la extracción del metal en la mina hasta la invención de un chip para un *smartphone*.

Se podría decir que como especie somos la *repanocha*. ¿O no?

¿SOMOS LA ESPECIE MÁS ORGANIZADA?

En el estudio del comportamiento existen distintos grados de organización de individuos dentro de una especie. El más alto son las eusociedades. *Eu* viene del griego y significa 'verdadero'. Como en las eucariotas, células con un núcleo verdadero. Desde el punto de vista biológico podríamos decir que estas son las sociedades más avanzadas.

Algunos ejemplos de especie eusocial los vimos en el capítulo anterior cuando hablaba de altruismo y tenían las siguientes características:

- Existen castas estériles o individuos que no se reproducen.
- Se solapan generaciones en las que madres e hijos, tanto jóvenes como adultos, conviven ayudando en la cría en lugar de tener su propia descendencia.
- En la cría de los jóvenes ayudan más individuos y no solo la madre.

Podríamos pensar que la especie humana cumple estas características ya que convivimos distintas generaciones que se cuidan entre sí y hay individuos estériles. Sin embargo, en el caso de los humanos, no tenemos un sistema en la reproducción que determine si nuestra descendencia va a ser macho, hembra o individuo estéril según las necesidades de la colonia. Pueden existir presiones evolutivas que regulen la producción de machos y hembras (hablaremos más adelante de esto), pero mientras que una abeja reina puede decidir si fecunda o no un huevo para que salga una obrera, a tu madre no le quedó más remedio que apañarse con lo que tocó en esa lotería.

Una vez más, la biología nos enseña que la Tierra es de los insectos. Han dominado todos los medios y conquistado los niveles más altos de organización social. Suponen casi el 65% de las especies que hay en el planeta. Rindámonos y asumamos que, biológicamente, no estamos en la cima de nada.

Tan solo existe un mamífero que funciona como eusociedad y no somos nosotros. Se trata de la rata topo desnuda. Sí, como lo lees. Te dejo una pausa para que busques en internet una foto y podamos continuar.

...

...

...

Heterocephalus glaber es una especie de roedor que vive bajo tierra en regiones áridas y cálidas de África. Esta rata no tiene pelo y creo que estamos de acuerdo en que es lo más desagradable que hemos visto en nuestras vidas.

La reina es la más grande y es muy prolífica. Puede tener hasta cuatro camadas anuales de veinticuatro crías cada una. Estas pueden desarrollarse como individuos de la casta de trabajadores, que buscan alimento para toda la colonia, o no trabajadores, que se limitan a calentar a la reina y, como mucho, proteger y defender a las crías si es necesario. Pero en principio se limitan a comer y estar próximas a la reina para darle *calorcillo*. Cuando creas que tu vida no tiene sentido, piensa en una rata topo desnuda de la casta no trabajadora.

A mí me parece estupendo que estas ratas se encuentren en la cima de la organización social. No las envidio, no querría su estética ni pertenecer a ninguna de sus castas. En general, no me gustaría pertenecer a una eusociedad. De poder elegir, creo que sería una yegua de estas que viven en poblaciones libres. No hay nada mejor que correr a esa velocidad disfrutando de parajes naturales increíbles, echarte una siesta donde te apetezca y, encima, ¡con un pelazo!

LA BÚSQUEDA DE UNA ÚNICA CULTURA

Las especies eusociales funcionan porque lo llevan escrito en su ADN. Como si cada individuo que nace tuviese un chip con unas pautas de conducta predeterminadas. Cada avispa sabe cuál es su posición y cómo relacionarse con las demás. Sin dar lugar a conflictos. Simplemente funcionan.

La especie humana no tiene nada parecido a eso. El debate sobre qué partes de la conducta dependen de la biología y cuáles se imprimen en esta a través del aprendizaje está abierto. Pero hasta donde sabemos, no nacemos para ser obreras, defensoras, cuidadoras o reinas. Bueno, reinas sí. Ser monarca le viene a uno de nacimiento.

Asumo que ser humana no está mal. Nuestra evolución ha trascendido más allá de la biología. La capacidad inventiva de la especie ha dado lugar a tecnologías que ponen en contacto a cada vez más seres humanos. No somos una eusociedad, pero tejemos redes sociales mucho más grandes y complejas.

A pesar de que cada territorio tiene sus normas de convivencia y su cultura, la globalización está labrando un camino a una cultura global, a unas normas de convivencia como especie. Hemos creado incluso organizaciones que tratan de establecer derechos humanos universales, con el fin de que sean aplicables a cualquier individuo independientemente de su nacionalidad.

Esto suena ideal. Pensar en un mundo en el que todos los humanos nazcan donde nazcan estarán protegidos. Pero encontrar el equilibrio entre esto y no perder riqueza cultural en el camino es el mayor de los retos a los que nos enfrentamos.

En mi opinión, ninguna cultura debería suponer un impedimento para el artículo 1 de la declaración universal de los derechos humanos de las Naciones Unidas.

> Todos los seres humanos nacen libres e iguales en dignidad y derechos y, dotados como están de razón y conciencia, deben comportarse fraternalmente los unos con los otros.

Podríamos decir que este artículo recoge al resto de artículos que hacen hincapié en el derecho a la vida, libertad y seguridad de la persona independientemente de su raza, color, sexo, opinión política, origen nacional, origen social, posición económica o ninguna otra condición.

En mi contexto y con mi bagaje vital, esa declaración de derechos es incuestionable y en la mayoría de las sociedades entiendo que también. La carta ha sido traducida a más de quinientos idiomas, por lo tanto, podemos asumir que se ha considerado de interés que sea accesible para todo el mundo.

¿No te fascina esto? El hecho de que vayamos más allá de nuestra biología buscando una cooperación universal me deja sin habla. Damos incluso premios a aquellos individuos que han hecho grandes aportaciones a la búsqueda de esta coordinación: la paz.

La Organización de las Naciones Unidas, ONU, tiene como finalidad mantener la paz y la seguridad internacionales. Cuenta con 193 estados miembros.

Es algo así como un funcionariado global, una vez consigues entrar, no se sabe qué hay que hacer para que te echen. La piscina municipal a la que voy es más consecuente con sus normas de gorro y chanclas que la ONU con sus derechos. Claramente mi diminuto cerebro no puede entender la complejidad de ese tipo de decisiones y las repercusiones que tiene el meter o sacar a un país de esa organización. Entiendo que echar a una nación por el hecho de que sus gobernantes no cumplan la carta implicaría vulnerar aún más los derechos de sus ciudadanos abandonándolos a su suerte.

Dada mi ignorancia, sí que me gustaría dedicar tiempo a entender bien la ONU ya que, junto a Amazon y McDonald's, supone una de las mayores estructuras de organización social en la especie humana y no hay cosa que me interese más.

Acabo de entrar en su página para ponerme al día y ver qué

países son miembros (casi todos). Al estar por orden alfabético, el primero que sale es Afganistán.

Cuando aquí, en Europa, hablamos de derechos humanos o, más bien, de la vulneración de estos, solemos pensar en países árabes, de Sudamérica o de África.

Por suerte, la ONU, aunque no parece echar a nadie, sí hace un *ranking* para evaluar quién se ha portado mejor. En ese *ranking* del índice de paz global, Afganistán le da la vuelta a la lista adoptando la última posición.

El estereotipo de asociar la vulneración de derechos humanos a países árabes, de Sudamérica o de África no está errado según este *ranking*. Prácticamente la totalidad de los países que van de la mitad hacia los últimos puestos pertenecen a estas regiones.

La sorpresa es encontrar a un país que se llena la boca hablando de democracia en la posición 122. En Estados Unidos, el abuso de la fuerza por parte de las autoridades, el racismo policial y las armas han supuesto ingredientes determinantes para estar en esa posición, y entiendo que invadir otros países tampoco tiene nada de democrático ni pacífico.

No sé cómo se arregla el mundo, echar una mirada a países que lideran la lista como Islandia o Nueva Zelanda podría resultar interesante, pero como dijo la Barbie Malibú en *Los Simpson*: «A mí no me preguntes, solo soy una chica».

Yo prefiero reflexionar sobre esto último, sobre el hecho de que yo esté usando una frase de una serie estadounidense como referencia, como parte de una cultura común que miles de personas reconocerán. ¿Es algo malo? Pues depende de lo que se lleve por delante. No tenemos una mirilla a través de la cual poder ver un universo alternativo para saber qué pasaría en 2021 sin un planeta globalizado.

Sea como sea, yo tengo también muchos referentes locales, tanto de Galicia como de España. Obviamente, solapar culturas hace que tengan que compartir espacio. Si no hubiese visto 123.355 veces *Friends*, 27.453 *Modern Family* o 13.466 *Los Simpson*, habría tenido hueco para ver *Cuéntame*, *Verano Azul*, *Las chicas del cable*, *Vis a Vis*, *Hospital Central* o *Los hombres de Paco*. A pesar de que es difícil competir con esas superproducciones estadounidenses, *Aquí no hay quien viva* es de mis series favoritas. Entiendo con esto que, en muchos casos, independientemente de la cantidad de millones y medios que tengan esas producciones, es difícil competir con el costumbrismo que representa y conecta a las personas de una región común.

El arte en todas sus formas es clave en la preservación de la cultura. El cine, la literatura, la fotografía, la música, los museos o incluso internet con todas sus opciones representan herramientas para preservar el patrimonio cultural de la humanidad. Son lo único que tenemos para protegernos de los aspectos más demoledores de la globalización.

Pero no le eches la culpa a internet, esto no es una cuestión moderna. Las dinámicas en las que un pueblo y sus costumbres se imponen sobre otro son tan viejas como la propia humanidad. Durante nuestro tiempo en la Tierra se han perdido infinidad de aspectos culturales al tratar de homogeneizar territorios bajo un mismo mando. Por no hablar de la cantidad de vidas.

Veo la obsesión por alcanzar más poder y riqueza como una de las facetas más oscuras de la especie, pero podríamos pensar en un aspecto positivo de esto; cuando unificas pueblos puedes minimizar conflictos entre ellos. Si todos somos un solo pueblo, una misma nación y una misma identidad, debería haber menos conflictos entre nosotros, más paz. Puede ser así, pero cuando esta unificación se impone con bases bélicas, el resultado es paz aparente en el pueblo, pero guerras entre pueblos más grandes. ¿Y de qué vale la paz en una nación si representa un conflicto bélico contra otras? ¿Es eso paz? ¿Qué valor tiene la democracia y la paz para los estadounidenses si a escala mundial están en el puesto 122?

Las cosas no son blancas o negras, no hay naciones perfectas y tampoco se trata de determinar si la naturaleza humana es buena o mala. Simplemente, me parece importante hacer en este libro un ejercicio de reflexión sobre la comunidad humana: tanto la que tenemos inmediatamente al lado y nos encontramos en el autobús como la que intuimos que existe en las antípodas. Entendernos como conjunto me parece una parte indispensable del camino que debemos recorrer para poder entendernos como individuos.

¿ALTRUISTAS O EGOÍSTAS?

Personalmente, vivo un poco en *Los mundos de Yupi* y tiendo a ver lo bueno en nuestra especie. A veces estoy navegando por internet y me salen vídeos donde alguien queda atrapado en una vía del tren y el resto se coordinan, poniéndose en riesgo incluso, para sacar a esa persona de ahí. El último que vi de ese estilo fue precisamente en Estados Unidos, para que veas que no le tengo manía a ese país. Una atracción de feria estropeada empezó a tambalearse y la gente se abalanzó sobre ella para hacer contrapeso. Al principio estaban mirando pero, en cuanto un par de personas se aventuraron, el resto no dudaron en sumarse.

Estas cosas me fascinan. Me hacen tener mucha fe en la humanidad y consolidan mi creencia de que los ambientes cooperativos inspiran cooperación. Tendrá que ver con eso del altruismo egoísta del que hablábamos. Tiene sentido que, si estamos en ambientes donde abundan las buenas acciones, no nos resulte complicado echar una mano sabiendo que la recibiremos cuando nos haga falta.

La corrupción y la pillería son temas que siempre me han llamado mucho la atención. No por cuestiones personales, sino porque en nuestro país abundan y los medios de comunicación no dejan de compartirlo.

Por lo que sé, no tiene grandes consecuencias en muchos casos, debe de ser por eso que está a la orden del día hacer la trampita si podemos. No sé qué fue antes, la corrupción en las altas esferas o seguir diciendo que el niño tiene cinco años hasta que tiene bigotillo para pasarlo gratis en el parque de atracciones.

Recuerdo que una vez, con unos quince años, me dieron mal el cambio en la librería. Cuando me di cuenta, retrocedí y fui a devolver los cinco céntimos que me habían dado de más. El dependiente se rio y me dio las gracias sorprendido. Yo salí de allí flotando en una nube de superioridad moral, creyéndome doña Teresa de Calcuta a la espera del premio Nobel.

Es bastante lamentable que aquella conducta, justa cuando menos, me pareciese loable o excepcional. Como un *onvre* alardeando de que no es machista, que se ha acostado con alguna chica sin depilar y le dio igual. ¡Guau! ¡Héroe! ¿Qué tal la experiencia? ¡Cuéntanoslo todo, tío!

Es triste cuando percibimos una conducta justa, cercana o altruista como la excepción. No dudo en que hay que dar valor e incentivar este tipo de conductas, pero sí me gusta reflexionar sobre si estamos tomando como norma lo contrario.

En ocasiones tengo las mejores experiencias en mi vida cotidiana al relacionarme con desconocidos. El hecho de que una frutera que no me conoce me sonría y hable un rato conmigo, chocar con un peatón y sonreírnos disculpándonos mutuamente o una conductora con la que me peleo para cedernos el paso entre risas y agradecimientos son momentos que me alegran el día. Por no hablar de cuando se dan situaciones en público en las que se generan automáticamente risas, miradas cómplices y aplausos. Me parece mágico. Encontrar entre la masa a alguien a quien le ha parecido escandaloso o gracioso lo mismo que a ti y compartir unas risas cómplices con esa persona sin haberla visto antes en tu vida. Me parece de lo mejorcito de nuestra especie.

Pero hay días en que una está del revés. Tienes prisa, estás hasta las narices, cabreo en el curro o en casa, lo que sea que te tiene hasta el moño y que no te permite disfrutar de esos momentos. Ojalá tuviéramos un semáforo para esos días que visibilizara nuestro estado. Me fastidia mucho cuando no tengo la energía para devolver esas sonrisas y disfrutar de eso, pero si no me sale no me sale. Siempre pienso que ojalá la otra persona lo pueda interpretar así, yo lo hago cuando me encuentro a gilipollas por la vida. Asumo que no están teniendo un buen día, un buen año o una buena vida. Solo espero no coincidir con esa gente un día en que ambos estemos gilipollas. No va a salir bien.

Todo esto hace que mi mirada esté llena de optimismo casi todos los días. Me veo a mí misma bastante naíf, pero es algo que me esfuerzo por conservar. Perder la fe en la humanidad sería devastador. Llevo repitiendo desde que puedo recordar que todo el mundo es bueno hasta que se demuestre lo contrario. Esto hace que a veces sea un poco irritante hablar conmigo sobre un problema con alguien porque parecerá que solo busco justificar la mala conducta del otro. En resumen, para mí, todos los conflictos son malentendidos porque tiendo a asumir buenas intenciones por ambas partes. A mi cabeza le cuesta procesar la injusticia o la maldad por la maldad.

El otro día vi la película *The Founder*, que explica la historia de la franquicia de McDonald's. Si la historia es fiel a la realidad, Ray Kroc fue un cretino, de estos que sí son malos, malos de verdad.

Según la película, este hombre era un vendedor de máquinas de batidos e iba vendiendo su producto por restaurantes de Estados Unidos. Un día recibió un gran pedido de un restaurante y fue a entregarlo en persona para ver qué tipo de local necesitaba tantas máquinas de batidos. Se encontró con los hermanos Donald, que habían inventado un modelo de negocio muy especial. Un *fast food* en el que servían hamburguesas en treinta segundos. El desarrollo de un sistema de trabajo en cocina coordinado al milímetro y unas hamburguesas deliciosas hacían que en la puerta del local se formaran colas infinitas a diario. Cuando Kroc vio eso, se le dibujó el símbolo del dólar en la pupila. Convenció a los hermanos para hacer una franquicia a lo largo del país y, en cuanto pudo, les robó el formato de negocio, los locales y hasta la marca con su apellido.

A lo largo de toda la película, fui intentando empatizar con los motivos de ese tipo. Un cincuentón ambicioso maltratado por la vida por fin tenía algo jugoso entre manos a lo que dedicaba el cien por cien de su tiempo y energía. Con un montón de buenas ideas para lanzar McDonald's a lo más alto, se veía constantemente frenado por los hermanos Donald, obsesionados por permanecer fieles a la idea original.

En una escena final, después de un acuerdo en el que los hermanos Donald le cedían todo a Ray a cambio de unos millones y *royalties* sobre el nombre, él les confesaba que su idea desde el principio había sido robarles el negocio. No le valía solo con la idea de servir las hamburguesas así de rápido y copiar el formato, quería el nombre, McDonald's.

Lo peor es que esa rata de dos patas nunca les pagó los *royalties*. Se dice que les hizo sellar esa parte del acuerdo con un apretón de manos y, por lo tanto, nunca se pudo demostrar si esto fue así.

En definitiva, existe gente mala. A mí me ha costado asumirlo, pero es así. Hay personas que por mucho que se muevan en ambientes cooperativos y sociedades modernas van a querer un poco más. Si tienen que tomar directamente lo que pertenece a otros lo hacen, aunque no les vaya la vida en ello. Sus deseos están por encima de las necesidades de los demás.

Me cuesta encontrar paz con esto de que no siempre hay buenas intenciones detrás de los actos de la gente. Pero nada me resulta más estimulante que seguir aprendiendo sobre el comportamiento individual y colectivo de los *Homo sapiens*.

NO HAY PARA TODOS

Como el resto de las especies, desarrollamos nuestra vida en la Tierra y esta empieza y acaba con los recursos que podemos obtener de ella. Dependemos de dichos recursos para sobrevivir y por ello su extracción, procesamiento y comercialización siempre ha sido motivo de disputa. La economía es la ciencia que estudia cómo se establece el reparto de esos recursos y, por ello, lo que estudia realmente es cómo las sociedades se organizan para sobrevivir y prosperar. Últimamente esta ciencia ha llamado mucho mi atención porque veo que entender la economía mundial implica conocer los niveles más altos de organización de la especie. Como bióloga con estudios de conducta te puedo garantizar que eso es un caramelito de conocimiento.

Voy a dejar el estudio de la economía para la Tamara del futuro. La del presente solo tiene una larga lista de reflexiones y dudas sobre la humanidad y volcarlas en este capítulo no está resolviendo ninguna.

¿Somos buenos o malos? ¿Estamos caminando hacia una paz y correcta distribución de los recursos? ¿Entendemos bien las sociedades y nuestro papel en ellas?

Reconozco que impera la visión de que el mundo cada vez está peor, que las sociedades son más corruptas y que estamos al borde del apocalipsis constante.

Sin embargo, los datos de pobreza, derechos humanos y conflictos bélicos no nos dicen esto: la tendencia es que cada vez hay menos hambre en el mundo, menos injusticia social y más países acercándose a la igualdad de derechos de sus ciudadanos.

Los datos que sí resultan alarmantes son los relacionados con el medio ambiente. A pesar de que podemos encontrar publicaciones científicas que nos dicen que los cambios en el clima y en fenómenos meteorológicos corresponden a la evolución natural de las fluctuaciones climáticas de la historia de la Tierra, la comunidad científica sí tiene consenso y evidencia suficiente para achacar gran parte de estos efectos al impacto de nuestra especie sobre el planeta.

Un ritmo acelerado de consumo de recursos con un reparto ineficiente está llevando al planeta a sus límites y se hace necesario un cambio del modelo de consumo a una economía circular que aproveche mejor los recursos.

Las primeras potencias del mundo se han desarrollado a costa de contaminar sin reparos, con estilos de producción baratos, pero con un alto coste medioambiental. Ahora que las consecuencias son evidentes, es necesario tomar medidas urgentes. El problema está en que no es justo imponer ajustes a todos los países que encarezcan los procesos de producción para hacerlos más respetuosos con el medio ambiente. Sería como poner una zancadilla a su desarrollo, otra más. No podemos imponer en Sudáfrica o en India el uso de coches eléctricos. ¿Quién se los podría permitir?

Los tratados establecidos a escala global buscan una cooperación internacional real, donde unos se aprieten más el cinturón en cuanto a emisiones de CO_2 dando margen para que, aquellos que se han quedado atrás a costa de nuestro tren de vida, puedan aumentar la calidad de la suya.

Lo verdaderamente triste es ver cómo esas primeras potencias no saben poner el freno. Esas agendas climáticas deben estar cogiendo polvo en una estantería. Por algún motivo no interesa y es fácil dejarse llevar por teorías conspiranoicas. Hace poco estuve leyendo sobre países que se pueden ver beneficiados ante el deshielo del ártico. Quedarían unas rutas comerciales en barco mucho más económicas.

Las películas tampoco ayudan. Cuando aparecen crisis climáticas siempre resulta haber planes de gobiernos y de grandes instituciones para evacuar a otro planeta a un selecto grupo de individuos. Hay un consenso cinematográfico para tener billete en esas naves salvadoras: ser una mente prodigiosa de utilidad en el nuevo mundo o alguien con dinero suficiente para comprarse un billete y costear el desarrollo de ese futuro prometedor para la especie.

Decidir quién tiene más derecho a vivir es muy humano, el dilema moral de a quién salvamos ante situaciones límite nos acompaña desde el colegio.

Desde vías de tren donde tienes que decidir si atropellas a una persona o a siete, hasta barcos con curas, abuelos, prostitutas, profesores, embarazadas y niños.

Siempre he encontrado estos planteamientos, los de validar el derecho de supervivencia según la utilidad para el grupo, aterradores. Resulta devastador cuando estos pasan de juegos filosóficos a la realidad. La pandemia que hemos vivido nos ha llevado a escenarios tan duros como tener que decidir si un respirador se le da a una octogenaria o a un adolescente. No envidio al que haya tenido que tomar esas decisiones, pero las entiendo y forman parte de una dinámica natural. Como he ido repitiendo, la máxima presión sobre las especies son los recursos. Cuando escasean es cuando aparecen los problemas entre individuos. Las grandes revueltas de la historia han estado precedidas de escasez de alimento.

El problema del barco empieza por la escasez de recursos.

No hay alimentos suficientes para que todos puedan sobrevivir y, por lo tanto, alguno de los pasajeros ha de morir.

La tendencia será elegir a individuos que puedan trabajar, reproducirse o hacer ambas cosas en un futuro. *A priori*, es un razonamiento que trata de proteger la especie, pero cuando extrapolamos este razonamiento a la vida real, aun sin presión en el reparto de recursos, aflora lo peor de la especie humana: la discriminación.

Podemos distinguir la discriminación de la opresión en cuanto al beneficio que obtenemos los demás al ejercerlas. Si tiramos por la borda a una anciana que ya no va a poder reproducirse o trabajar, la estamos discriminando. Como no podemos obtener nada de ella, la tiramos por la borda, no la queremos en nuestra sociedad. Sin embargo, si seleccionamos a una mujer de veinticinco años con la premisa de que podrá darnos hijos, cuidarlos, cocinar, limpiar y cuidar de todos, la estamos oprimiendo.

Esta opresión se establece sobre la base del sexo y lejos de ser una situación hipotética en una clase de filosofía, ha supuesto un pilar del funcionamiento de nuestras sociedades.

MITAD MUJERES, MITAD HOMBRES

Lejos de poder explicar por qué la sociedad ha oprimido a la mitad de la población, la biología sí puede explicar por qué el sexo femenino supone ese 50% de la población.

Vamos a empezar tomando como ejemplo una población y la congelamos. Le sacamos una fotografía y estudiamos a todos sus individuos. Tomaré de ejemplo mi tierra, Galicia.

Según datos del Instituto Galego de Estadística, en 2020 la población era de 2,7 millones de habitantes. De estos, el 15,86% eran menores de veinte años, el 58,71% habitantes de entre veinte y sesenta y cinco años y el resto, el 25,44%, mayores de sesenta y cinco años.

De todas estas personas, 1,4 millones son mujeres y 1,3 hombres. Mitad y mitad casi. Esto nos da una proporción de sexos de 1:1, es decir, una tendencia al mismo número de hombres que de mujeres. Esto no pasa solo en Galicia, pasa en todo el mundo. Tampoco es exclusivo de la especie humana, es común a millones de especies.

¿Por qué se da esto? ¿Por qué existe el mismo número de machos que de hembras? Si lo analizamos desde la única utilidad aparente de esta diferencia de sexos, la reproducción, resulta un poco raro. Entender cómo este ratio se mantiene en tantas especies supone un dilema en la biología evolutiva, pero existen teorías con mucho consenso al respecto.

Si repasamos conceptos, los machos son los individuos que producen muchos gametos pequeños y móviles y las hembras producen escasos gametos grandes y de reducida movilidad. Siendo así, lo intuitivo sería que en una especie predominaran las hembras. Si un macho puede fecundar a millones de hembras, ¿para qué gastar recursos en mantener a tanto macho? Esta es la razón por la que muchos autores hablan del costo del sexo como el coste de producir tantos machos en una especie.

Realmente, cuando digo que el sexo sale caro no es tanto por el hecho de que perdemos la mitad de nuestro material genético en la reproducción sexual, sino porque gastamos muchísimos recursos del entorno en tener muchos machos en la especie.

Como ya puedes intuir, sobre la base de lo aprendido en este libro, nada es casual. Cuando algo se conserva en la evolución es porque compensa y el hecho de producir más machos de los aparentemente necesarios no es una excepción. Una vez más, tengo que insistir en el concepto de que no es un interés para la especie. La evolución no actúa sobre los grupos ni sobre las especies, la evolución actúa sobre lo que beneficia al individuo, a su ADN.

Imagina una población de pavos reales que solo produce los machos necesarios para reproducirse. Una población, por ejemplo, de unos 50.000 individuos que tiene 48.000 hembras y 2.000 machos. En esas circunstancias, la reproducción de los machos está asegurada. No tienen que currárselo mucho, por muy inadecuados que sean esos individuos; con plumas feas, escasas y poco atractivas, las hembras tendrán que conformarse si quieren reproducirse. Pero claro, ya que han pasado el trago de conformarse con unas plumas bien horrorosas para tener descendencia, lo que más les compensa es que su ADN pase a un macho. En este caso, su material genético tiene muchísimas más probabilidades de reproducirse.

En este tipo de población ficticia, el ratio descompensado de machos y hembras no duraría mucho. Aparecerán presiones evolutivas que harán que cada vez las hembras tengan más machos. Tanto desde el punto de vista genético como conductual, a lo largo de las generaciones aparecerán características que favorezcan el nacimiento y la supervivencia de los machos. Un ejemplo sería tener muchas crías y no alimentar a las hembras.

Por eso, la mayoría de las especies conocidas con reproducción sexual tienen un ratio de 1:1, es decir, si hay unas 20 hembras, habrá unos 20 machos y, si hay unas 40 millones de hembras, habrá unos 40 millones de machos.

Puede haber eventos que cambien este ratio. En el caso de la especie humana han sido las guerras, donde han muerto millones de hombres dejando a naciones enteras con una importante desproporción. En Rusia, por ejemplo, aún se pueden apreciar los efectos de la segunda guerra mundial y se calcula que por cada diez mujeres hay nueve hombres. En 2018, el 54 % de la población eran mujeres y el resto hombres. Aunque estos porcentajes cambian de generación en generación acercándose de nuevo al ratio 1:1. Como digo, esto tiende a equilibrarse y, en este caso, entiendo que las rusas alimentan por igual a sus hijos y a sus hijas.

Lo mismo ocurriría al revés, si escasean las hembras, en la reproducción siempre va a haber más beneficio en la producción del sexo más raro. Aunque veamos fluctuaciones en el ratio a lo largo de las generaciones, este se produce porque, a escala individual, compensa pasar tu ADN al sexo menos abundante e, inevitablemente, eso hace que pase a ser el más abundante. Como cuando coges un peluche y tu hermano pequeño quiere ese mismo peluche, se lo das y coges la pelota, pero de repente quiere la pelota.

Esta explicación cien por cien científica, basada en nuestra realidad material, me da fundamento para un razonamiento un tanto metafísico. Aunque pueda parecer que la naturaleza trabaja con ese ratio de 1:1 para que cada macho encuentre a su hembra, ya ves que esto no es así. La biología detrás de este ratio está detrás del individuo, no de la comunidad. Está detrás de lo que interesa al ADN para pasar a la siguiente generación. Por esta razón va a haber individuos que se reproduzcan mucho y otros nada. Hembras que puedan tener descendencia de distintos machos o machos que fecundan a varias hembras. La biología que subyace detrás del ratio no es un plan divino para otorgarnos un derecho innato a reproducirnos y por ello el hecho de reproducirse, de tener descendencia, no está escrito en las estrellas como un derecho universal.

Que un individuo en la población se pueda reproducir depende de infinidad de factores. Volvamos a los pavos reales. Tienen un ratio de 1:1, pero si un macho tiene unas plumas lo suficientemente grandes y llamativas como para atraer a las hembras y no tanto como para entorpecer su supervivencia, probablemente se reproducirá con muchas hembras. Sin embargo, uno sin esos atributos no tendrá tanta suerte.

Hablando de fortuna, los genes, las mutaciones y la interacción de estos con el entorno pueden dar infinidad de resultados biológicamente incompatibles con que el ADN de un individuo pase a la descendencia, independientemente de la voluntad de un individuo.

Hay cuestiones biológicas como la capacidad reproductiva y la orientación sexual donde los deseos del individuo o de la comunidad poco o nada pueden hacer. Pero la interpretación de este ratio como una señal natural de que cada macho de la especie debe emparejarse con una hembra ha hecho mucho daño. Ha creado un paradigma de lo que es correcto y está bien aceptado socialmente. Esta cuestión nos lleva de nuevo al barco, no a los yates de postureo veraniegos, sino al barco donde al que no trabaja o se reproduce lo tiramos por la borda.

Analicemos esa comunidad gallega, tomemos una fotografía de esa población en 2020 para ver cuán lógico es asumir que nuestra función en ella es reproducirnos.

Del 100% de los gallegos, el 15,86% eran menores de veinte años y vamos a tomarnos la licencia de asumir que, salvo excepciones, no están en edad de reproducirse ya que no tienen poder adquisitivo para ello. Desgraciadamente, esta premisa debería incluir a gran parte de la población comprendida entre los veinte y los treinta años, pero vamos a dejarlo así. Asumamos que el 58,71% de la población está en edad fértil y el resto (25,44%) son mayores de sesenta y cinco.

De ese porcentaje que está, en teoría, en edad de reproducirse, tendremos que eliminar a las mujeres que ya han entrado en la menopausia y a los individuos estériles por infinidad de causas distintas.

Sé que este argumento es falaz porque ese 15,86% de menores de veinte años pueden reproducirse, tienen su utilidad, y muchos de los mayores de sesenta y cinco años del 25,44% restante se habrán reproducido ya. Está claro que analizar la población en una fotografía y no a lo largo del tiempo es capcioso. Cuando aplicamos estos razonamientos en relación con nuestra función en la Tierra y a lo que es un estilo de vida «natural» y válido para la sociedad siempre lo hacemos en una línea temporal en la que si eres niño estás a tiempo de tener descendencia y si eres anciano ya lo habrás hecho.

Pero siendo esto así, ¿qué utilidad tienen los ancianos en la población? Si vamos a hablar de propósito y de lo que es natural, ¿qué función tiene seguir en la Tierra gastando recursos después de haberse reproducido ya?

Voy a frenar las preguntas ridículas porque no se me ocurre un solo ser humano que no entienda la vida después de reproducirse. Si hemos evolucionado como sociedades aumentando la esperanza de vida media en la especie de los treinta y cinco-cincuenta y cinco años al inicio del siglo XIX a los setenta años como esperanza de vida media mundial en la actualidad, es porque las sociedades son mucho más complejas que esa falacia naturalista de que nuestra función primordial en la Tierra es reproducirnos. Aunque sea lo que a nuestro ADN le gustaría, el gran progreso como especie inteligente que hace que alguien en su cabeza se posicione por encima de otras especies es el mismo que ha hecho que la especie trascienda a los intereses del individuo.

Resulta sencillo entender que una mujer de setenta y cinco años que ayuda a cuidar y a educar a sus nietos es de gran utilidad en la sociedad. ¿Por qué cuesta entender que una tía de cuarenta y siete años sin hijos que ayuda a cuidar y educar a sus sobrinos es igual de útil? ¿Sabemos siquiera lo que es útil?

Los motivos para que esa tía de cuarenta y siete años no tenga hijos pueden ser muy distintos. Enumeremos unos cuantos:

- No le da la gana.
- No le apetece.

- No quiere.
- No lo considera necesario para sentirse realizada como mujer.
- Le gustaría ser madre, pero no tiene estabilidad económica para ello.
- Le gustaría ser madre, pero prioriza su carrera profesional.
- Le gustaría ser madre, pero con su empleo no tiene tiempo y si lo deja no puede.
- Es homosexual y no encuentra una opción que se pueda permitir o con la que esté cómoda para reproducirse.
- Quiere reproducirse, pero no ha encontrado con quién y no quiere hacerlo sola.
- Quiere reproducirse, pero es estéril y no tiene dinero para comprar un bebé.
- Quiere reproducirse, pero posee una enfermedad hereditaria grave que no quiere pasar a la descendencia y no tiene dinero para comprar un bebé.

En definitiva, existen tantos motivos para no reproducirse como personas que no se reproducen y, sin embargo, resulta más que evidente que la aportación a la comunidad no radica exclusivamente en eso.

A lo largo de este capítulo hemos observado infinidad de dinámicas entre humanos en las que la reproducción poco o nada tienen que ver. Hemos trascendido la biología y tratar de aplicarla a la adjudicación de derechos me parece un error. En ese barco, las capacidades reproductivas no deberían influir en la toma de decisiones. Principalmente porque se sobreentiende que los náufragos somos los que estamos en el barco, el resto de la humanidad sigue su curso y puede hacerlo sin nosotros. Por otro lado, en el caso de que sí seamos el último resquicio de humanidad, si hemos llegado al punto de que solo quedamos nosotros, igual es mejor acabar con todo.

En las películas apocalípticas siempre me queda en la cabeza el siguiente razonamiento: han salvado a la humanidad, la sociedad ha evolucionado hasta el punto de desarrollar tecnología que ha salvado a los ricos y a los más útiles de la sociedad. Pero lo hacen dejando atrás a millones de personas mayoritariamente por su estrato social. ¿Cuántas habrían llegado a ser grandes genios de haber tenido la oportunidad y los recursos? En definitiva, a mi parecer, en esas películas se salva la especie pero sin rastro de humanidad.

6

SOMOS NUESTRO ADN

Hace poco tuve una conversación sobre el sentido de celebrar los cumpleaños.

¿Qué mérito tiene cumplir años?

¿Qué celebramos exactamente?, ¿que seguimos vivos?

No creo que nuestras habilidades tengan mucho peso en nuestra supervivencia. Los accidentes y la salud son como una lotería y, por lo tanto, seguir cumpliendo años no está al cien por cien en nuestras manos.

En un punto de la conversación concluí que la celebración debería ser para las personas que nos cuidan al nacer. Somos de esas especies totalmente dependientes de nuestras madres y padres. Sin su cuidado, moriríamos indefensos.

A mí me encantan los cumpleaños y las celebraciones, así que necesitaba encontrar una razón de peso para justificarlos y creo que la conseguí.

No quiero quitar mérito a las madres que se destrozan por dentro y por fuera para traernos al mundo, pero sí es importante popularizar el concepto de que como bebés tenemos un papel fundamental en nuestro parto.

Cuando venimos al mundo lo hacemos porque nos quedamos sin recursos. Estamos ahí siendo fetos enchufados a la corriente, vaciando la despensa de nutrientes disponible de nuestra madre hasta que llega el punto en el que detectamos que, debido a nuestro gran tamaño, el flujo de alimento ya no será suficiente para seguir sobreviviendo allí dentro.

Recibimos todos los nutrientes de nuestra madre a través del cordón umbilical y, gracias a esto, durante todo el periodo de gestación vamos comunicándonos con el organismo de nuestras progenitoras.

Conocemos sus niveles hormonales, las sustancias que hay en su organismo, si está estresada o feliz. Estamos conectados siendo uno.

Pero, muy a nuestro pesar, esto no es para siempre. Llega un momento en el que ese cordón umbilical nos hace saber algo aterrador: ¡no queda alimento suficiente!

Detectamos que los niveles de glucosa que nos llegan son más bajos de lo necesario y esa será una de las señales que inducirán el parto.

Una de mis mejores amigas dio a luz hace un par de semanas. Esa niña iba sobrada de nutrientes y llevaba días de retraso.

Yo, que soy una bruta, le dije a mi amiga que parase de comer y asediara a la criatura para que se rindiese y saliese de ahí. Huelga decir que es broma pero, por si acaso..., ¡es broma!

En definitiva, el parto consiste en una comunicación constante entre el feto y la madre. Las señales químicas viajan entre sus sistemas nerviosos haciendo una coreografía perfecta para tener un parto saludable.

Este último punto es el que debe darnos algo de crédito por nuestro nacimiento, compartido por nuestras madres, claro.

Eso sí, según este criterio, si naciste por cesárea estás exento de derecho a celebración.

Me gusta esto de compartir el mérito y el trabajo en equipo con la madre al nacer y, si hay que compartir la celebración, pues se hace. Hay que aprovechar cualquier resquicio de la infancia porque, en cuanto te das cuenta, ya estás solo. La firma de un adulto pasa a ser la tuya.

Tengo veintinueve años y me sigue pareciendo fascinante vivir sin supervisión. Se supone que estoy yo al mando y eso solo me hace ver que nadie lo está.

Ahora estoy en el otro lado, en el lado de los adultos. Aquí he descubierto que eso no significa nada. La vida sigue consistiendo en ir dando palos de ciego intentando no hacerte daño ni hacérselo a otros por el camino.

Me resulta difícil entender qué parte de responsabilidad tenemos nosotros en cómo somos de adultos. Son tantos los condicionantes que nos rodean desde que nacemos que cuando algo no nos gusta es difícil saber a qué o a quién echarle la culpa.

Lo mismo ocurre para lo bueno.

¿Cuán responsables somos de quiénes somos y de nuestras victorias?

Después de nuestra aportación al parto es difícil saber hasta qué punto tenemos capacidad y libertad de decisión a la hora de constituirnos como adultos. Venimos al mundo en un contexto concreto: un país, una cultura, una familia y una situación económica particular. Es otra lotería.

Podríamos enviar a dos gemelos idénticos a un mismo colegio con los mismos recursos. Si, por ejemplo, tienen grupos de amigos distintos, esto puede condicionar mucho sus gustos y valores. Para bien o para mal, las amistades en la etapa adolescente influyen más en nosotros que nuestra propia familia.

Todo esto, aparentemente sencillo de entender, no ha calado en la sociedad. Hay gente que piensa que el que es pobre es un vago, que el que está deprimido es porque no intenta animarse y que el que no practica deporte es porque no quiere.

En un momento de mi vida yo caí en ese razonamiento, en ese mismo que hoy entiendo como un error. Veía que cuando estudiaba de verdad conseguía aprobar; que, si me despistaba con el sedentarismo y la dieta, tras un par de semanas yendo al gimnasio y siguiendo una dieta saludable ya me notaba más enérgica y si no paraba de trabajar aparecían nuevas oportunidades.

Estudiar es el camino para aprobar, hacer ejercicio y comer sano ayudan a mejorar el estado de ánimo y, desde luego, estar en un entorno laboral activo aumenta el número de ofertas de empleo que le llegan a una persona.

¿Qué hay de malo en este razonamiento entonces?

Pues que está dejando de lado la variabilidad individual.

La suerte, al igual que la evolución, no opera a través de grupos, sino de individuos.

Cuando llegué a la edad adulta, me di cuenta de varias cosas: estudiar sin apenas preocupaciones en un entorno familiar estable era muy sencillo, el metabolismo de una joven adolescente era una suerte que se ha perdido con los años y encontrar trabajos precarios, uno detrás de otro, no refleja ninguna abundancia de oportunidad laboral, al contrario.

Nuestro camino en la vida depende, en muchas ocasiones, de lo fácil que nos lo hayan puesto. Si en la casilla de salida tienes la mochila de supervivencia con todos los kits de emergencia adecuados para solucionar las crisis venideras me alegro por ti, porque esa mochila te da libertad.

Pero no todas las mochilas son iguales, no todas llevan lo mismo. Cada una lleva su ADN, su cultura, su clase económica, su raza, su sexo, su orientación sexual, su identidad de género, su salud mental, su educación, su entorno familiar, su salud física, su idioma, etc. La combinación de ingredientes en la mochila es infinita y todos ellos pueden afectar al resultado final, para bien o para mal.

Con esto no trato de victimizar a nadie. Esta reflexión no conlleva una actitud conformista ni ningún tipo de justificación como muchas personas puedan pensar.

Esto debe hacernos reflexionar sobre la sociedad que tenemos y adquirir conciencia para intentar que aquellos ingredientes de la mochila que son inevitables como, por ejemplo, la raza, el sexo, la orientación sexual o la salud, no supongan una barrera para nadie.

Comprender esto también debe impulsarnos a buscar que el resto de los ingredientes supongan una igualdad de oportunidades. Por suerte, en nuestra sociedad están enraizados esos valores, aquellos que quieren que todos tengamos derecho a educación, sanidad y protección por parte del Estado.

SALUD A CARCAJADAS

Esta semana me han invitado a dar una charla en relación con la divulgación y yo he decidido hacer de ella una reflexión sobre divulgar en prevención de riesgos para la salud y, sobre todo, por qué hacerlo a través de la risa.

He divulgado ciencia desde el instituto sin saberlo. Si había ferias científicas en las que enseñábamos cosas al público, yo siempre me apuntaba, lo disfrutaba muchísimo. Cuando llegué a la universidad ya empecé de forma más seria en una asociación de divulgación científica y poco a poco fui observando que los contenidos que más me gustaba impartir eran aquellos relacionados con la salud.

He de reconocer que durante un año tuve la tentación de estudiar medicina. Finalmente, me incliné por la biología, pero eso estuvo ahí.

La idea de poder ayudar a la gente de forma tan inmediata me resultaba muy atractiva y gratificante.

Con el tiempo vi que cuando compartía contenido científico vinculado a la salud, estaba ayudando. Era una heroína.

Después de acabar el máster de neurociencia empecé una tesis doctoral en divulgación científica también. En concreto, empecé mi tesis sobre cómo utilizar la divulgación como herramienta de prevención de riesgos sanitarios.

La empecé con la siguiente premisa: «La gente toma malas decisiones con respecto a su salud porque les falta información».

Estaba muy equivocada ya que la posesión de conocimiento no se traduce directamente en una mejor toma de decisiones. Ejemplo de ello es la existencia de médicos que fuman o el hecho de ver repuntes en enfermedades de transmisión sexual.

Estamos en el momento de más comunicación y educación sexual y, aun así, podemos ver repuntes de clamidia y otras enfermedades cada dos por tres.

Cuando me di cuenta de esto entré en crisis. Divulgar perdía sentido. Yo pensaba que cuando le explicaba a alguien que tomarse una caña al día era un grado bajo de alcoholismo o que la ingesta masiva del fin de semana también, le ayudaba a dejar de hacerlo. Estaba siendo una salvadora ya que, si conocía la verdad, tomaría una buena decisión para su salud.

Mi razonamiento no distaba mucho de pensar que la gente pobre lo es porque quiere y te explico por qué.

Ambas premisas ignoran la variabilidad individual.

Detrás de la toma de decisiones al respecto de la salud operan infinidad de motivaciones, tantas como personas. Nuestras experiencias, conocimiento, ambiente familiar y salud mental condicionan profundamente la libertad en esa toma de decisiones.

Entender esto es fundamental para minimizar el juicio que establecemos sobre las vidas de otros y, sobre todo, para cambiar el objetivo de compartir información.

Yo ya no divulgo ciencia para salvar vidas. No divulgo ciencia para que el que me escucha deje de fumar, de beber o empiece a practicar deporte. Yo divulgo porque considero la información un derecho.

Un derecho que conlleva la libertad de tomar decisiones informadas. Con esto podemos minimizar las diferencias en esa mochila.

¿Cuán libre soy si no entiendo los riesgos y beneficios de mis acciones?

Cero patatero.

Es importante minimizar todos aquellos factores que puedan restar libertad a la hora de tomar decisiones que afecten a nuestra salud ya que, desde que nacemos, es lo que tenemos. Nuestro cuerpo es el vehículo para desempeñar nuestras vidas y una sociedad responsable es aquella que comparte la información e infraestructuras para propiciarla a sus integrantes.

Queda claro, pues, que el hecho de tener información nos hace más libres en esa toma de decisiones, pero hay un aspecto fundamental que hay que tener en cuenta, la salud mental de la persona que va a tomar esas decisiones.

En ese sistema que nos provee de una educación y sanidad públicas, no hay una inversión eficiente en proteger la salud mental. No recibimos una educación psicoafectiva que nos enseñe nuestro valor como seres humanos.

El autocuidado, la gestión del estrés o la educación afectiva suponen conceptos nuevos en el vocabulario. Poco a poco vamos haciendo activismo para poner en valor la ciencia de la psicología en la sociedad ya que, por mucha información que reciba una persona, si sus herramientas de gestión emocional y su salud mental están dañadas, la toma de decisiones estará limitada por esos factores.

Por lo tanto, no podemos entender una sanidad y educación públicas en las que no hagamos hincapié en la salud mental y en la prevención de riesgos sanitarios a través de la divulgación científica. Es el camino para proteger la libertad individual de decisión, pero también el que nos puede llevar a una comprensión real de la libertad colectiva.

Últimamente veo que se usa muy a la ligera la palabra «libertad» para defender el poder tomarse una caña en tiempos de pandemia y cuestiones similares.

El individualismo que nos rodea ya huele y el hecho de que haya quien pretenda retirar la filosofía como asignatura obligatoria de las escuelas nos alejará cada vez más de comprender por qué es importante defender los intereses colectivos.

Al fin y al cabo, los colectivos están constituidos por individuos. Al defender los derechos y las libertades de los primeros defendemos los de los segundos. Hay un concepto muy manido y es el que nos dice que la libertad de uno termina donde empieza la del otro, pero no está de más subrayarlo.

Con todo esto en mi cabeza, no puedo hacer otra cosa que seguir divulgando. Regalar libertad al divulgar debería parecerme más que suficiente, pero yo sigo empecinada con querer regalar salud y creo que encontré la manera: la risa.

Falta evidencia científica que nos explique exactamente cómo la risa puede suponer una mejora en la salud física y mental.

Encontramos mejora autopercibida del estado de ánimo y de ciertas dolencias cuando entrevistamos a personas que han sido expuestas a risoterapias o actividades similares. Estos estudios suelen hacerse en residencias de ancianos u hospitales infantiles.

Algunas de las teorías que están detrás de estos beneficios para la salud de las carcajadas se enfocan sobre el sistema nervioso y circulatorio. Se cree que con la risa, con esas entradas y salidas abruptas de aire, logramos oxigenar más la sangre y mejorar nuestra circulación. A la vez, hay constancia de una activación de ciertas áreas del cerebro relacionadas con el humor y de cómo en estas se liberan sustancias relacionadas con el buen estado de ánimo como, por ejemplo, endorfinas y dopamina.

A pesar de que falta evidencia científica sobre los beneficios de la risa, la que hay me basta para querer utilizarla como vehículo para trasladar la información.

Hay otra cuestión importante y es que las emociones están muy vinculadas a los procesos de memoria y aprendizaje.

Seguro que cuando piensas en el sabor de un plato que comías mucho durante tu infancia lo asocias a muchas emociones. Lo que estamos sintiendo mientras ocurren los eventos que almacenamos en la memoria se guarda con ellos.

Cuanto más intensa es la emoción, más fijo puede quedar ese recuerdo.

Esto tiene sentido ya que si están pasando cosas intensas tanto positivas como negativas, al cerebro le interesa almacenarlas. Quiere recordar qué pasaba cuando era tan feliz para poder repetirlo y también acordarse bien de qué pasaba en momentos más duros para prevenirlo en el futuro.

Por ello utilizar el humor como canal en los procesos de aprendizaje es tan útil, ya que mejora la experiencia y puede ayudar a recordar mejor la información.

Pero hay otro motivo de peso para utilizar el humor en la divulgación. La comunidad científica ha contraído una deuda con la sociedad. Nos hemos encapsulado en una élite de conocimiento tedioso e inalcanzable para aquellos que están fuera.

Cuando éramos pequeños tuvimos que soportar largas tardes de frustración y de sentirnos incompetentes mientras nuestros padres intentaban ayudarnos con las matemáticas. Esas ciencias, a veces incomprensibles para gran parte de los alumnos, no encontraban otra forma de llegar a ellos, que huyeron de las ciencias dejándolas archivadas en el cajón de la negatividad y el aburrimiento.

Cuando existe un trauma, una de las terapias posibles consiste en exponer al paciente a ese recuerdo y asociar a él nuevas emociones. Cada vez que recordamos algo lo empapamos de las emociones del momento. Esto explica que un recuerdo que guardamos con alegría, si lo recordamos en el presente cuando ya falta un ser querido, pueda empañarse de tristeza u otras emociones.

No quiero decir que la sociedad tenga un trauma con la ciencia, respetemos las palabras y su valor. Pero sí que es cierto que le debemos un contexto en el que la ciencia se presente más amena. Una segunda oportunidad.

El problema aquí es que el humor no es universal. Cada persona, con su aprendizaje, cultura, entorno y recorrido vital, ha construido una biblioteca de conceptos que caracterizan su sentido del humor.

A pesar de esta variabilidad individual, el humor en el cerebro tiene un factor común: el absurdo.

El cerebro trabaja haciendo predicciones constantes de lo que va a ocurrir para protegernos, pero cuando algo se sale de la predicción de una forma muy inesperada, esto puede desatar la risa. Algo tan sencillo como una caída puede hacerte gracia porque se sale de la expectativa de que esa persona siga caminando con normalidad.

No podemos hacer gracia a todo el mundo, hay que asumirlo, pero si a las personas que les hace gracia lo que hacemos les regalamos salud y una capacidad de recordar mejor lo que hemos dicho, el intento merece la pena.

¿PODEMOS CAMBIAR NUESTRO ADN?

Una cuestión verdaderamente absurda y cómica es la de discriminar a otros por cuestiones innatas y/o injustas. Nadie en su sano juicio osaría menospreciar a otro porque no le haya tocado una cafetera en un sorteo. No habría mérito en ganarla y, por lo tanto, no puede haber culpa si no te toca.

Llevo ya un par de páginas analizando las diferencias entre

individuos y cómo mediante la sanidad, la educación y la divulgación podemos tratar de minimizarlas para que afecten lo menos posible a nuestra libertad, pero existen otras cuestiones, otros ingredientes de esas mochilas que llevamos, que no están sujetas a intervención o modificación humana.

Es el caso del ADN. Desgraciadamente, muchas de las características que van a condicionar nuestras opciones en la vida están marcadas por nuestro ADN.

Existen muchas cuestiones que solo son una expresión de nuestro material genético, de nuestro fenotipo, y que suponen motivos de opresión y discriminación en nuestras sociedades. Sin embargo, no hay evidencia científica que respalde que esas diferencias justifiquen tales conductas.

Una de ellas es la raza. Este concepto, desde el punto de vista biológico, no existe en la especie humana.

Para encontrar razas dentro de una especie, como es el caso de los nuestros amigos peludos, las diferencias genéticas entre las distintas razas han de ser significativas. En el perro (*Canis lupus familiaris*), existen razas distintas como el bichón maltés, el husky, el boyero de Berna o el caniche.

Los individuos de estas especies tienen más material genético en común entre sí que con las otras razas.

En el caso de la especie humana, los individuos de lo que entendemos como razas tienen más diferencias entre sí que con otros grupos. Es decir, los genes que dan lugar a las características fenotípicas que nos hacen percibir las distintas razas son muy pocos. No son suficientes como para constituir una raza dentro de la especie.

Decir que las razas no existen suena muy bonito, muy propio del Día de la Paz, pero es peligroso. El término «raza» sigue aplicándose socialmente y así ha de seguir haciéndose ya que no se puede combatir el racismo si eliminamos el concepto de raza. De eliminarlo, seguiría habiendo racismo, pero sin un sujeto político al que poder nombrar para defender sus derechos.

También es importante distinguir los conceptos de «etnia» y «raza». Ambos vienen dados, como el ADN, te toca nacer donde naces y con las características fenotípicas que llevan tus genes, pero raza y etnia son conceptos diferentes.

La raza viene determinada por la información del ADN. Un color de piel, un tipo de cabello o unas facciones determinadas.

La etnia va más allá, la etnia implica tener un origen común bien por ascendencia o geográfico y, además, compartir una cultura.

Por ejemplo, una persona negra cuya familia lleva muchas generaciones en Estados Unidos puede ser de la misma raza que una persona negra en Uganda, pero sus etnias son distintas.

Podríamos pensar que el ADN es injusto por darnos esas diferencias, pero lo realmente injusto es la sociedad que le da un valor distinto a las personas según la información que traen al mundo en sus alelos.

En cuanto a aspectos de salud, tiendo a pensar que sí hay injusticia. Me gustaría que todos naciéramos sin enfermedades o anomalías que pudieran truncar nuestro desarrollo en la vida, pero la naturaleza, las mutaciones y la herencia de caracteres en nuestros cromosomas nos regala esa injusticia innata.

Del mismo modo que la sociedad va más allá del ADN para establecer las injusticias que vemos, por ejemplo, en el racismo, también intenta ir más allá a la hora de alterar el ADN.

En las últimas décadas, la ciencia ha avanzado mucho en cuanto a la edición del ADN, tanto que ha llegado hasta el punto de poder modificar las características genéticas de un individuo.

En el instituto nos hicieron ver la película *Gattaca*, en la que muestran un futuro donde se eligen los caracteres de la descendencia. Se eliminan las enfermedades que van a tener y todos pueden elegir tener hijos sanos, fuertes, inteligentes y guapísimos. Parece un sueño, pero acarrea muchos conflictos éticos.

Aun eliminando el concepto financiero de que posiblemente sean tecnologías que solo puedan ser adquiridas por personas con cierto poder adquisitivo, la intervención genética en la línea somática constituye una presión evolutiva sin precedentes en la historia de la humanidad, cuyas posibles repercusiones desconocemos.

Ahora te aclaro qué es esto de la línea somática porque ni yo me acordaba del término, he tenido que buscarlo. Cuando hablamos de líneas somáticas en biología, nos referimos a las células que dan lugar a los individuos, como una semilla.

El material genético que cambiemos en esas células se va a heredar en las siguientes generaciones. Hoy en día alterar el material genético de esas células en humanos está prohibido, precisamente por las implicaciones éticas que acarrearía hacerlo.

Lo que sí podemos hacer en humanos es seleccionar embriones.

La tecnología que está detrás de la reproducción asistida abre puertas a cuestiones hasta ahora inalcanzables en la especie. Las técnicas van desde el aumento de la fertilidad para una reproducción convencional hasta la implantación de óvulos ya fecundados.

Es una rama terapéutica que está en auge. Las mujeres cada vez son madres a edades más tardías y, aunque las sociedades avanzan, al ADN le cuesta y, a pesar de que los treinta y cinco años sean los nuevos veinte, a partir de esa edad van decayendo las posibilidades de concebir de forma natural.

A pesar de que son las ginecólogas y ginecólogos los que realizan las consultas, el trabajo que hay detrás de los procesos de reproducción asistida está en manos de personas con formación en biología, biomedicina o biotecnología. Estos profesionales son los encargados de trabajar con los óvulos, espermatozoides y embriones que posteriormente se implantan en la madre.

En la reproducción asistida no se altera en ningún momento el ADN.

Podemos inyectar una selección de espermatozoides sanos en la madre, o directamente, podemos fecundarlos en el laboratorio e implantarlos en el útero.

Cuando se fecundan los óvulos, se estudian las características genéticas de los embriones resultantes. De esta forma, podemos implantar aquellos sanos, descartando los que tengan alguna enfermedad congénita.

Esto ocurre en la naturaleza también, muchos abortos espontáneos se dan porque el feto era inviable. Había alguna condición genética que impedía un correcto desarrollo.

Cuando lo hacemos de forma artificial, eliminamos algunas enfermedades hereditarias o mutaciones que sí darían lugar a individuos viables pero que, a ojos de la sociedad, no son deseables. Te aclaro que, aunque esta última frase pueda parecer juiciosa, no pretende serlo.

Lejos de entender realmente las implicaciones éticas que hay detrás de esto y sin experiencia como madre de un bebé con alguna de las enfermedades que se descartan en este proceso, me abstengo de verter cualquier tipo de opinión sobre el mismo.

La ciencia ha llegado al punto de desarrollar test genéticos para analizar la compatibilidad de los padres que quieran reproducirse de forma natural. De este modo podrán detectar las probabilidades de que su descendencia herede alguna enfermedad congénita y, de ser así, podrán utilizar la tecnología *in vitro* para seleccionar los embriones sanos.

Hoy por hoy, mi única reflexión al respecto es la accesibilidad de esa tecnología. Aquellas cuestiones que no pueda cubrir la sanidad pública —en aquellos países donde exista— serán solo para quien se las pueda permitir. Creo que bastante complicada es ya la maternidad, donde todo el mundo se cree con derecho a opinar, como para añadir más cosas.

Ahora mismo la maternidad está hipercapitalizada. Cada vez los bebés tienen más necesidades y gastos y pobre de la madre o el padre que no haga esa inversión.

«Pero ¿como que no tienes un intercomunicador de vídeo y audio?»

«¿No le has comprado la cuna de colecho además de la otra?»

«¿No te has gastado todos tus ahorros en tener una sillita-mecedora-vibradora-musical-interactiva en cada rincón de la casa?»

Claramente yo no tengo ni idea de todo esto, he tenido que buscar en internet listas de cosas que necesita un bebé y he seleccionado aquellas que me parecen muy prescindibles.

Mi lógica como humana y bióloga me dice que con ponerles a los bebés las vacunas estipuladas, llevarlos a las revisiones pediátricas y tener los elementos necesarios de alimento, descanso, protección en el coche y cuidado de esas delicadas pielecitas a punto ya estás siendo una madre de 10.

Si, además, dedicas tiempo y energía a educarlo para que sea persona y no un bicho, ya mereces la luna.

Por todo esto no me gustaría añadir a esa lista de presiones la situación en la que un bebé tenga una enfermedad congénita y alguien diga: «Pero ¿cómo no os habéis hecho el test de compatibilidad genética antes de concebir?».

Pues, chica, igual es que no podía gastar cientos de euros

en ir a una clínica privada a mirarme todo eso. Cuando el dicho-so test esté disponible en la sanidad pública otro gallo cantará.

En definitiva, todo esto de la selección de embriones y material genético da miedo.

Miedo de caer en un futuro distópico donde sí existan dos razas con diferencias genéticas significativas.

La raza de los enfermos y la raza de los sanos; es decir, la raza de los ricos y la de los pobres.

Podríamos pensar que eso ya existe. Tener dinero es sinónimo de acceso a tratamientos y mejoras para la salud, pero llevarlo a la línea somática, al ADN de la especie dando lugar a estirpes de familias que heredan salud como quien hereda un título nobiliario, me parece el colmo de la deriva moral.

Acabaríamos viviendo en *Gattaca* en un par de años.

En 1997 cuando se estrenó la película parecía imposible, pero veinticuatro años después tenemos la tecnología a la vuelta de la esquina.

Con animales y plantas ya nos hemos pasado el juego. Hemos conseguido transferir genes de una especie a otra. Los que nos ha dado la gana. Los hemos llamado transgénicos y se han convertido en el terror de muchas personas.

Te diré que no hay reputación más injustificada que la de los transgénicos. Los pobres están en un cajón junto a las centrales nucleares y el plástico, ese cajón en el que se cría la fama mientras otros cardan la lana.

Voy a dejar el plástico y la energía nuclear para quien la entienda de verdad y me voy a centrar en hacer un lavado de imagen a los transgénicos. Bien entendidos y utilizados suponen una herramienta para luchar contra la desnutrición, la crisis climática y otros problemas sanitarios.

Gracias a los transgénicos podemos producir el famoso arroz dorado. En regiones de Asia donde hay un gran déficit de

DATO CURIOSO
TRANSGÉNICOS

Los transgénicos también son conocidos como organismos modificados genéticamente (OMG). Gracias a la ingeniería genética se logra introducir genes seleccionados de una especie en el ADN de otra especie.

Los virus y algunas bacterias son organismos que, de forma natural, son capaces de insertar su ADN en células de otra especie y alterar el material genético de esta. Por ejemplo, algunos virus pueden insertar genes en nuestras células para que estas empiecen a fabricar cápsulas protectoras para ellos y así poder replicarse en nuestro organismo.

Mediante ingeniería genética, se ha conseguido tomar esos mecanismos que tienen esos virus y bacterias para introducir uno o varios genes de un organismo en otro. Tomamos una característica de interés en una especie, localizamos el gen asociado a ella y lo trasladamos a otra.

Con el fin de proteger la evolución natural de las especies, los organismos transgénicos suelen alterarse para dar lugar a individuos estériles. De esta forma, la producción en el laboratorio tiene el control para que esta manipulación genética no de un salto y avance a la naturaleza.

vitamina A, se ha logrado, mediante ingeniería genética, una variante de arroz que tiene altas concentraciones de este nutriente. De una forma económica y eficaz se consigue suplir una enorme carencia nutritiva a través de la dieta tradicional de la región.

También podemos hacerlo para otro tipo de cultivos. El maíz transgénico es un gran ejemplo en el que conseguimos variantes que no necesitan uso de pesticidas. Con esto obtenemos una doble ventaja: no tenemos que utilizar productos químicos que maltratan el terreno a la vez que contaminan las aguas y, además, protegemos una gran cantidad de biodiversidad que no ataca al cultivo, pero sería eliminada por pesticidas poco selectivos.

Con los transgénicos podemos conseguir cultivos más eficientes que necesiten menos territorio. Uno de los grandes impactos en la biodiversidad son los monocultivos muy extensos en los que solo existe la especie cultivada y se mata con pesticidas el resto.

Aunque parezca una cuestión moderna y peligrosa, los organismos transgénicos son seguros para el medio ambiente y el consumo humano. Cuando ingerimos alimentos, una parte de ellos va a ser digerida por completo, hasta su mínima unidad. Las proteínas de la dieta se van a descomponer hasta llegar a ser simplemente aminoácidos que nuestras células son capaces de incorporar para hacer otras estructuras.

Si ingerimos un alimento, sea o no transgénico, nos estamos comiendo sus células con su ADN, pero en ninguno de los casos podemos incorporar ese material genético al nuestro. Lo único que integramos de ese organismo a través del intestino, pasando por la sangre y llegando a nuestras células, son esas unidades sueltas de lípidos, proteínas y azúcares. Si comemos unos champiñones salteados, gran parte de ellos lograrán degradarse del todo en nuestro sistema digestivo, la otra parte, sobre todo la fibra que no digerimos, irá a las heces. En estas podremos encontrar células completas de champiñón e incluso encontrar ADN de champiñón, pero que llegue ese material genético a nuestras heces no quiere decir que lo hayamos absorbido también en nuestras células, ya que eso no sería posible.

Cuando comemos, nuestro ADN no se fusiona nunca con el de los alimentos, sean o no transgénicos. Por tanto, ingerir alimentos transgénicos es totalmente seguro para el ser humano, más que comer una manzana llena de pesticidas sin lavar.

Llegados a este punto, podría preocuparnos que ese material genético artificial se mezcle con el de las especies naturales, pero eso no es posible porque las semillas de los transgénicos son estériles. La ética detrás de este tipo de investigaciones impide hacer líneas transgénicas fértiles para el cultivo.

Pero a pesar de su buena intención, este punto ha generado controversia. Las grandes multinacionales que producen este tipo de semillas tienen el monopolio sobre su producción. Cada año, si quieres utilizarlas, tienes que comprarlas al precio que hayan decidido poner. Por así decirlo, tienen a los productores entre la espada y la pared.

Tenga o no fines comerciales, el origen de que las semillas sean estériles es medioambiental. No podemos arriesgarnos a interferir más de lo que ya lo hacemos a través del cultivo y la manipulación de especies. El salto de estas intervenciones genéticas a la naturaleza sería incontrolable, un hecho sin precedentes cuyos resultados son impredecibles. Por todo esto, han de ser siempre individuos estériles.

En la carrera de Biología tuvimos una asignatura que giró totalmente en torno a los transgénicos. Cuando la empecé iba con la idea de que eran cosa mala, ya sabes, la prensa y la sociedad tienen sus efectos. Ni siquiera me había parado a informarme, simplemente me creí lo que escuchaba.

La información que he compartido aquí es la mínima para entender lo que son y ver su utilidad para la especie, pero es un mundo fascinante y te garantizo que cuanto más te informes al respecto en fuentes fiables y contrastadas más oportunidades verás en ello, tanto para la especie humana como para el medio ambiente.

SI NO ESTÁ EN EL GENOMA ES QUE NO LO HAY

A veces pecamos un poco de centrar los beneficios de nuestras acciones en nuestra especie nada más. Al fin y al cabo, es lo que hacen las demás. Cuando una plaga ataca a un cultivo, no mide su reproducción y letalidad con respecto a otras especies, son los propios recursos los que pondrán límites a la plaga.

Nosotros como especie somos muy plaga, infectamos el entorno, al que vamos doblegando a nuestra voluntad. Cuando tratamos de hacer una gestión responsable de los recursos, es habitual escuchar que hay que hacerlo para que las futuras generaciones puedan disfrutar también del planeta. En esos momentos es como si el ADN tomase la palabra aconsejando a la especie cuidar el entorno en el que quiere seguir prosperando.

Nuestro material genético viaja desde nuestras células de embrión hasta nuestros gametos, que son los que darán lugar a la descendencia. Cada célula de nuestro organismo lleva una copia de ese ADN a la que llamamos genoma. Es sorprendente que no haya hablado de él hasta este capítulo.

El genoma humano está constituido por toda la secuencia de nuestro ADN que se organiza en nuestras células en cromosomas. De los cromosomas ya he hablado; son esas estructuras en forma de pinza que contienen nuestros genes bien empaquetados y protegidos. Se encuentran en el núcleo de todas nuestras células diploides (2n) y tenemos un total de 23 pares de cromosomas.

Casi todos son cromosomas somáticos o autosomas, pero hay un par que son cromosomas sexuales. Esos los conocemos bien, son los famosos XX y XY.

En estas estructuras está todo lo que somos y son muy parecidos. Independientemente de que nos sintamos siempre muy diferentes de los demás, se calcula que solo el 0,1% de nuestro genoma es distinto al de otros seres humanos. Nuestra información genética es prácticamente idéntica. Son muy pocos los genes cuya expresión da como resultado las diferencias de rasgos físicos y psíquicos que tenemos.

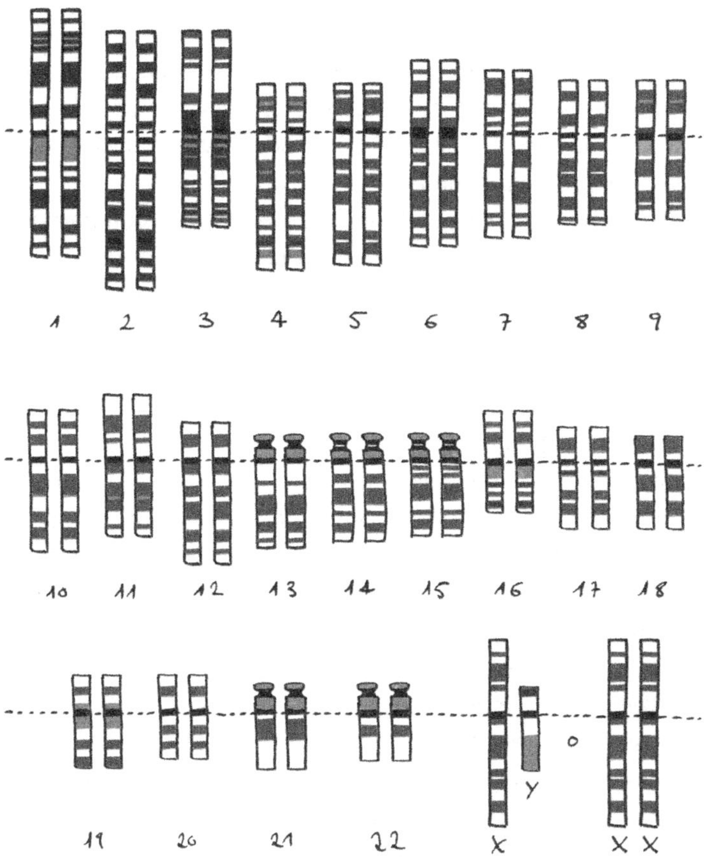

Figura 10. Mapa del genoma humano

Entendiendo esto, que solo un 0,1% de nuestro material genético es distinto del de los demás, ya no resulta tan extraño el concepto de que las razas no existen.

No solo no somos especiales dentro de nuestra especie, sino que no somos tan distintos de otras.

Compartimos el 96% de nuestro genoma con los chimpancés, el 90% con los gatos y los cerdos, el 85% con los ratones y el 75% con nuestros queridos perretes.

Con esta información no debe sorprendernos que se hayan investigado tantísimos medicamentos en estos animales. Como mamíferos comparten con nosotros muchos aspectos anatómicos y metabólicos. Por suerte, nos acercamos cada vez más a la experimentación con tejidos vivos artificiales que sustituyan estas prácticas.

El parecido no se queda en los mamíferos, compartimos más de un 60% del genoma con la mosca de la fruta.

Aunque parezca increíble, tiene mucho sentido ya que todas las especies de animales, plantas, bacterias o cualquier ser vivo que habiten el planeta Tierra tienen un antepasado común. La base de la vida es común a todas y ocupa mucho espacio en nuestro genoma.

Hay, además, especies con más cromosomas que otras y nosotros no estamos en la cima. ¡Todo el mundo tranquilo!, que esto no va de marcar paquete y ver quién tiene el genoma más grande. Existen helechos con miles de cromosomas mientras que nosotros solo tenemos 23 que, para lo que hacemos, son más que suficientes.

Toda esta información me hace sentir más humana y menos Tamara. Pero cuando recuerdo el impacto que tienen esas pequeñas diferencias en ese 0,1% en mi vida, vuelvo a sentirme especial. Ese 0,1% es suficiente para contar con mis ojos verdes, mis pecas, mis pies con dedos de martillo, mi alergia a la primavera y mi tumorcillo.

Ese 99,9% debe darnos la visión de pelear por el colectivo, por los intereses comunes como especie y el 0,1% es la carta para respetar las diferencias.

BYE BYE, CROMOSOMA Y

En nuestro genoma hay un par de cromosomas que son de gran relevancia en la dinámica de la especie, en concreto se trata del par 23.

Ahí están los cromosomas sexuales y ese par será diferente en hembras y en machos.

Como sabes, las primeras tienen dos cromosomas X y los segundos un cromosoma X y uno Y. Esa diferencia ha marcado aspectos biológicos y culturales a lo largo de todo el globo.

No somos la única especie que tiene cromosomas sexuales. El resto de las especies que tienen reproducción sexual, también los tienen. Son precisamente los que llevan la información genética que se traducirá en las características fenotípicas asociadas a machos y a hembras.

El sistema de cromosomas sexuales de las aves consiste en cromosomas Z y W (los machos son ZZ y las hembras ZW). En algunas especies de insectos, las hembras son XX y los machos simplemente X, sin otro cromosoma.

Esto último —cómo los machos pueden sobrevivir con un cromosoma menos que las hembras— puede llamar la atención. Si algo hemos aprendido es que cada mínimo fragmento de ADN lleva muchísima información. Sin embargo, como puedes ver en la figura 10, el cromosoma Y en seres humanos no es inexistente, pero tiene un tercio del tamaño del cromosoma X. Lleva, por lo tanto, un tercio de información genética.

¿Cómo puede ser esto?

¿Vamos las hembras de la especie sobradas en cromosomas o los machos van cortos?

El tamaño del cromosoma Y no ha sido siempre así. Ahora sabemos que cada vez contiene menos información, pero no es información que se haya perdido, sino que ha pasado a otras partes del ADN, a otros cromosomas.

Información genética que antes era exclusiva del cromosoma Y y de los machos, ahora podemos encontrarla en todos los individuos de la especie. Las funciones exactas de todos esos genes se desconocen y, por lo tanto, también se desconoce la interacción de esa información en machos y hembras o si hay alguna diferencia.

Lo que sí sabemos de estos cromosomas Y es que tienen poco más de 50 genes frente a los 900 del X y ni siquiera se expresan todos. Algunos de los que se expresan tienen funciones clave en la gestación, en las primeras semanas de vida, uno de ellos es el gen llamado SRY. En ocasiones se le llama gen determinante masculino porque su activación hace que se formen los testículos y genitales masculinos.

Si hay una mutación en ese gen, el individuo desarrollará genitales femeninos a pesar de tener un par de cromosomas sexuales XY. Esto puede hacernos ver que este gen no es necesario para la vida. Hasta aquí no parece que el cromosoma albergue genes imprescindibles, pero teniendo en cuenta todo lo que ignoramos sobre la interacción y expresión de genes es mejor no aventurarse a afirmar tal cosa.

Hoy en día no sabemos si el cromosoma Y seguirá existiendo en la evolución, pero esto no debería preocuparnos. No es que, si eso ocurre, vaya a desaparecer la reproducción sexual porque, como te digo, existen infinidad de especies con otros tipos de mecanismos para determinar el sexo que no consisten en cromosomas concretos, sino en la expresión de unos genes u otros que llevan al dimorfismo sexual según otras condiciones del ambiente. Mediante la activación de unos u otros los individuos serán machos o hembras.

Por algún motivo, el cromosoma Y a lo largo de la evolución ha dejado de recombinarse con el resto de los cromosomas sexuales en el proceso de meiosis. Esto ha hecho que progresivamente haya ido perdiendo cada vez más genes y reduciendo su tamaño.

Si lo analizamos detenidamente, un macho hereda su cromosoma Y de su padre, y este del suyo y así hasta remontarnos a hace trescientos mil años.

De hecho, cuando analizamos las líneas de ancestros, estudiar los machos es interesante ya que todos tienen un antepasado común con ese cromosoma Y.

En un comienzo, los cromosomas X e Y tenían el mismo tamaño y se recombinaban compartiendo información entre ellos. Cuando esto dejó de suceder, en las hembras, los cromosomas X siguieron recombinándose mientras que el cromosoma Y dejó de hacerlo y disminuyó de tamaño.

A pesar de los pocos genes y de que el SRY se lleva todo el protagonismo por determinar la genitalidad del individuo, el cromosoma Y tiene más genes.

Se cree que muchos de ellos, junto a sus homólogos en el cromosoma X, ayudan a regular otros genes de otros cromosomas y por eso, a pesar de que algunas investigaciones apuntan a que puede desaparecer, no creo que lo haga sin dejar aquellos genes relevantes para el individuo en otros cromosomas.

Si alguna de las funciones del cromosoma Y son vitales y se pierden, esos individuos morirían sin reproducirse y, por lo tanto, no se conservaría en la evolución. Serían los individuos que conserven el Y o tuviesen esos genes en otros cromosomas los que sobrevivirían.

No te preocupes por el cromosoma Y y los machos porque pueden sobrevivir sin él en sus células.

¿Cómo te quedas si te digo que el tabaco puede dejar a

hombres sin cromosomas Y? Esa imagen del macho fumador se desdibuja, ¿verdad?

Igual deberíamos incluir esta información en las cajetillas.

¡No fumes! ¡Serás menos hombre!

Menos mal que digo estas chorradas después de haber explicado que el cromosoma Y tiene muy pocas funciones y, desde luego, nada que ver con lo entendido socialmente como masculinidad.

Con lo que sí tiene relación es con el cáncer. Parece ser que los hombres fumadores tienen más riesgo de padecer cáncer porque, como te digo, fumar puede eliminar el cromosoma Y de las células de la sangre. Esto nos puede dejar ver una de sus posibles funciones y es que podría intervenir en procesos de regulación cancerígenos.

No quiero afirmar que el hábito de fumar eliminará ese cromosoma. Simplemente algunos estudios han detectado que la pérdida del cromosoma Y es más común en fumadores, pero no exclusiva de estos. Por lo tanto, tenemos que poner en entredicho la afirmación de que se pueda sobrevivir sin cromosoma Y.

El cromosoma Y es un misterio y se sigue investigando mucho sobre él. A pesar de ser cada vez más pequeño, mi conclusión no es que a los machos les falte información genética ya que, muy a mi pesar, tengo que admitir que son seres funcionales. Simplemente, las hembras llevamos una copia extra.

Te aclaro también que no la llevamos para hacer justicia al asqueroso dicho de que «mujer precavida vale por dos».

Como hemos ido observando, las mutaciones en los genes pueden suponer ventajas y desventajas.

Puede haber un cambio que resulte favorable, pero a veces las mutaciones pueden derivar en patologías que entorpecen nuestro desarrollo como individuos. Razón esta por la que llevar dos cromosomas X con dos copias de cada gen puede suponer una ventaja en algunas enfermedades hereditarias. Si hay alguna mutación en uno de los cromosomas X, el otro puede que tenga una versión correcta. Sin embargo, si un macho tiene una mutación o enfermedad hereditaria en el cromosoma X, no tendrá una copia con posibilidades de poder compensarlo.

El daltonismo es un ejemplo de ello. Si recuperamos el concepto de las leyes de Mendel que explica cómo heredamos el color de los ojos, recordaremos que en cada gameto había dos opciones que podíamos heredar, dos alelos. El gen que lleva la información que deriva en un individuo daltónico se encuentra en el cromosoma X.

El daltonismo es recesivo. Esto quiere decir que necesitamos que los dos alelos que codifican esta información visual tengan el gen daltónico para que pueda expresarse. De lo contrario, si un alelo tiene gen daltónico y el otro no, el individuo no será daltónico.

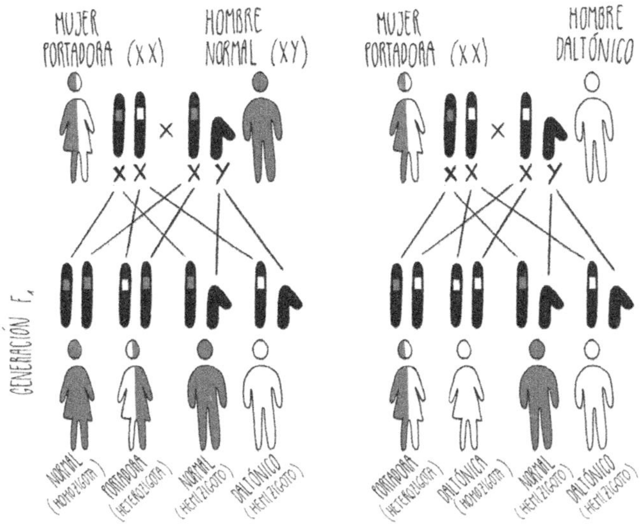

Figura 11. Explicación de herencia del daltonismo

En el caso de las hembras, para que una de ellas sea daltónica los alelos de ambos cromosomas X deben tener ese gen daltónico. Si solo uno de los cromosomas X tiene dicho gen, no será daltónica sino portadora. Eso significa que lleva en uno de sus cromosomas X un gen que puede heredar su descendencia, pero que a ella no le afecta porque su otro gen, el del otro cromosoma X, ha expresado una visión normal.

En el caso de los varones, si estos heredan un cromosoma X con el gen del daltonismo, van a ser daltónicos ya que no tienen otro cromosoma X que pueda compensarlo. Esto explica que el daltonismo sea mucho más frecuente en hombres que en mujeres.

Este es un ejemplo de patologías que pueden estar vinculadas al sexo del individuo ya que nuestros cromosomas sexuales pueden condicionar la herencia y expresión de algunas enfermedades.

7

EL SEXO BIOLÓGICO

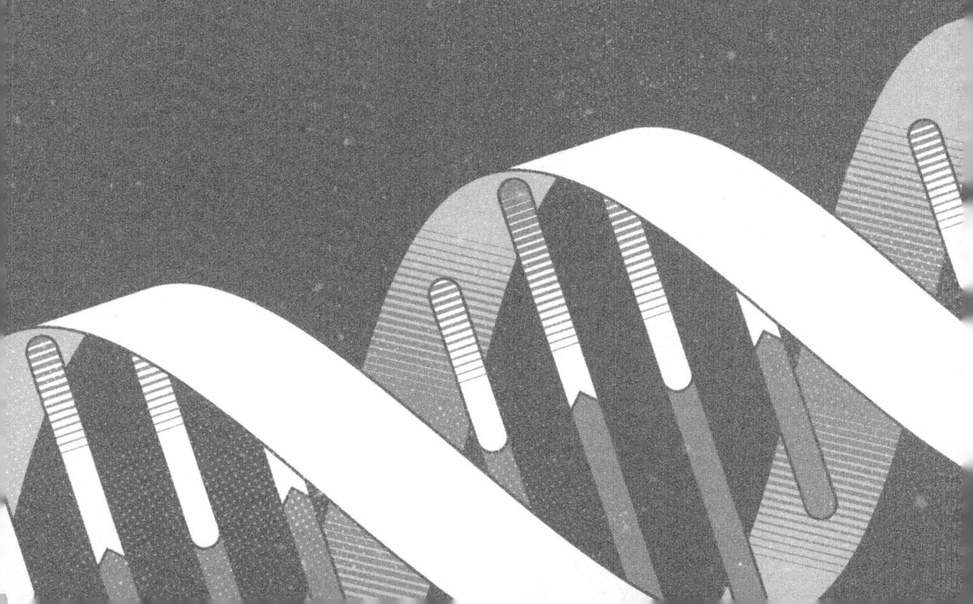

El sexo ha sido y es uno de los conceptos más polémicos a los que me he enfrentado en la vida.

Cuando era pequeña era un tabú. En los años noventa, yo solo percibía la palabra «sexo» como aquella que hace referencia al coito. Sabía que era algo placentero, pero lo entendía como algo malo o cosa de mayores.

El sexo, el tabaco y el alcohol estaban en un mismo saco de cosas destinadas a adultos, cosas perjudiciales.

Era difícil entender por qué las cosas malas estaban reservadas para la gente supuestamente sensata. Los adultos tomaban decisiones sobre mí que no sabían tomar sobre ellos mismos y aquello me parecía muy poco coherente.

En el caso de mis padres no era así; no fumaban ni bebían y las cuestiones del dormitorio eran totalmente privadas. Siempre he vivido en un entorno saludable donde ambos me han enseñado que no compramos chuches fuera porque había comida sana en casa y que había que moverse, caminar y hacer deporte a diario.

Si fuese por mis padres nunca habría tenido esa percepción de los adultos como seres autodestructivos, pero no podemos escapar a la sociedad.

A través de la televisión, las calles o entornos familiares era habitual ver a «los mayores» liándola con alcohol, drogas y una forma de abordar el sexo, a mi parecer, poco responsable.

Lo peor de crecer en los años noventa fue que los adultos no se atrevían a hablar con nosotros de esas cuestiones y los que les tomaban el relevo eran los adolescentes. Esos seres a caballo entre la infancia y la adultez.

A través de primos y amigos más mayores recibimos una gran cantidad de mensajes confusos. Personas que solo fumaban y bebían como cuestión de estatus social y con un conocimiento sobre el sexo obtenido del porno o de su escasa experiencia.

Repito que la cultura no es más que la transmisión de información entre generaciones, y entre adolescentes y niños generamos una cultura de desinformación muy peligrosa.

En 2004, Lorena Berdún estrenaba un programa para la cadena pública de Televisión Española llamado *Dos Rombos*.

En esa misma cadena, hasta 1985 se ponían dos rombos negros en aquellas emisiones cuyo contenido era delicado o no apropiado para ciertas edades.

Con ese programa, yo, a mis doce años, tuve los primeros contactos con temas de sexo, menstruación y orientación sexual.

Mi hermana y yo tratábamos de verlo a escondidas. Nunca preguntamos si podíamos verlo y tampoco recuerdo que mis padres nos prohibieran hacerlo. Simplemente, asumimos que si trataba de sexo estaba mal y nunca quisimos ser cazadas o cuestionadas.

En 2006 llegó *Ponte a prueba*, un programa de radio en el que recuerdo cómo Uri Sabat y Daniela Blume se convirtieron en mis ídolos del momento.

Hablaban de todo sin complejos, entre risas y, sobre todo, sin juicios. No tengo claro si era el contenido más apropiado para mí. Lo escuchaba de noche en la cama con los cascos puestos y, una vez más, sin consensuarlo con mi madre y con mi padre.

Recuerdo que en algunos programas se contaban cosas muy salvajes. No sé si eran ciertas o no, pero recuerdo una llamada en la que contaron una aventura sexual de película. Una pareja de hombres había jugado a meter un hámster por el recto de uno de los dos. El animal encontró allí un espacio acogedor y no quería salir. Encendieron una vela para atraerlo a la luz y, lejos de conseguir su propósito, una flatulencia avivó el fuego de la vela que incendió unas cortinas.

Desconozco la veracidad de los hechos. En mi cabeza siempre lo he cuestionado y ahora que lo veo escrito, me parece un chiste.

Con mi perspectiva adulta solo puedo pensar en que ese tipo de contenido no estaba haciendo ningún favor a nadie, ni a los adolescentes que lo escuchaban, ni a la comunidad LGTBIQ+ ni al propio programa. Me hace cuestionarme también qué preparación tenían esos presentadores para abordar ese tipo de contenido.

Esto es fácil decirlo en 2021, muy fácil, pero sigo manteniendo que esos programas fueron positivos para mí. Puede que hayan contribuido sin quererlo a perpetuar ciertos estereotipos en torno a las relaciones sexuales, que hayan motivado en nosotros ciertas ansias de experimentar enfocadas a complacer fantasías peliculeras en lugar de a nosotras mismas, pero por lo menos hablaban de sexo.

Gracias a esos programas descubrí que no había nada de malo en compartir las experiencias sexuales y conversar sobre ello. Que era, incluso, positivo.

Gracias a esas presentadoras el sexo dejó de ser un tabú y se abrió camino hasta hoy, donde no solo no es tabú sino que hablamos de feminismo, de salud mental, de respeto y consentimiento. Con esas semillas se estaban plantando los cimientos de una nueva cultura en torno al sexo.

En honor a la verdad, si es que tal cosa existe, he de decir que mis recuerdos son míos. Es posible que esa historia nunca saliese en el programa. Mi cabeza pudo mezclar anécdotas o incluso crearlas de la nada.

Como mencioné en el capítulo anterior, los recuerdos son una cuestión delicada ya que la memoria no opera en solitario como una cámara de vídeo.

La memoria se archiva junto a todo aquello que percibimos por los sentidos y las emociones que tenemos en ese momento. Podemos estar alterando la información en el mismo momento de guardarla.

Además, cada vez que utilizamos un recuerdo, lo proyectamos en el presente de forma consciente. Es como sacar una cinta VHS de su cajón y meterla en el reproductor; la temperatura, la erosión del ambiente o el tipo de reproductor que tengamos van a ir alterando la calidad de la cinta.

Cuando traemos un recuerdo al presente, inevitablemente este se mezcla con los sentidos y emociones del momento y mi perspectiva adulta sobre los temas relacionados con el sexo puede hacerme ser mucho más crítica con un contenido que, en su momento, sí encontré de extrema utilidad.

En el presente, el sexo sigue siento tabú para muchas personas.

Para mí, la polémica actual ya no se encuentra tanto en el hecho de hablar de nuestras prácticas sexuales, sino en el consentimiento y libertad dentro de estas.

No es que lo tenga todo resuelto, pero el trauma que podrían haber dejado los años noventa, mis primos y los amiguetes mayores está más o menos resuelto.

Ahora la polémica en cuanto al sexo es otra: el sexo como identidad.

Como ya sabes, en el estudio de la naturaleza se ha empleado el término «sexo» para dividir a los individuos de una especie entre aquellos que producen gametos pequeños y móviles y los que producen gametos grandes y menos móviles. Siendo la especie humana una de las que tiene esta división de gametos, también adoptamos la otra: somos animales sexuados.

¿ES NIÑA O NIÑO?

Creo que lo peor que ha traído la especie humana a la tierra son las fiestas de *gender reveal*.

Lo siento si has hecho una, quieres hacerla o has participado con gusto en alguna.

Si eres una de esas personas que está perdida con este concepto, te aclaro que en estas fiestas se descubre el género del bebé.

Digo género, porque después de unas pruebas médicas para saber la genitalidad del feto, se prepara alguna tarta o elemento sorpresivo para que los padres den el resultado a los invitados; si sale rosa es niña y si sale azul es niño.

De ahí lo de género, esos colores y los estereotipos que llevan marcados nada tienen que ver con el sexo en realidad. Bueno sí, van de la mano, las cosas como son.

Este tema quiero retomarlo más adelante, pero no puedo seguir avanzando sin explicaros el porqué del «niño o niña», el cómo un feto adquiere una u otra genitalidad.

El primer misterio está en cómo se determina el sexo del bebé.

Este está compuesto de infinidad de factores y genes, pero vamos a empezar por lo más sonado, por los cromosomas sexuales.

¿Cómo llega un embrión a ser XX o XY?

Esta cuestión es muy sencilla. En muchas especies de mamíferos, incluida la nuestra, la hembra produce sus gametos. Para ello tiene que pasar su ADN a esas células.

Como tenemos dos copias en nuestras células diploides

(2n), la hembra pasará una copia de cromosomas a cada gameto, a cada óvulo en nuestro caso.

Los gametos, por lo tanto, son células haploides (n). Solo llevan una copia de material genético.

Es este el punto donde la reproducción sexual nos hace perder la mitad de nuestro material genético. Por lo tanto, en los cromosomas sexuales de esas células haploides provenientes de las hembras solo puede haber opciones de cromosoma X.

Si una madre cede la mitad de sus copias de cromosomas en el par 23, que es el sexual, ambas opciones serán una X. Independientemente de que el feto sea macho o hembra, una de las X de su par 23 proviene siempre de la madre.

En ese reparto de cromosomas es donde se da una lotería. En cada gameto la hembra pone una copia, puede ser la mitad buena o la menos buena.

Si una copia lleva alelos vinculados con enfermedades hereditarias a un óvulo y precisamente es ese el que se fecunda, pues es más probable que la descendencia desarrolle esa enfermedad.

Si, por el contrario, se fecunda un gameto que se llevó la copia con alelos libres de esas enfermedades, habremos tenido más suerte. Como en el caso que mencioné anteriormente del daltonismo. En el caso de una madre portadora en la que el óvulo que se fecunda es justamente uno que tiene la copia del cromosoma X con ese alelo, si su descendencia es un macho, sin duda será daltónico ya que solo tiene una X y esta tiene ese gen.

Su cromosoma Y viene del padre. Igual que ocurre en las hembras cuando fabrican sus óvulos, los machos también tienen que dividir su ADN por la mitad.

Su genoma, formado por pares de cromosomas, los divide en células distintas, en espermatozoides.

Cada espermatozoide lleva una copia del ADN y son también células haploides (n) que portan o un cromosoma X o uno Y.

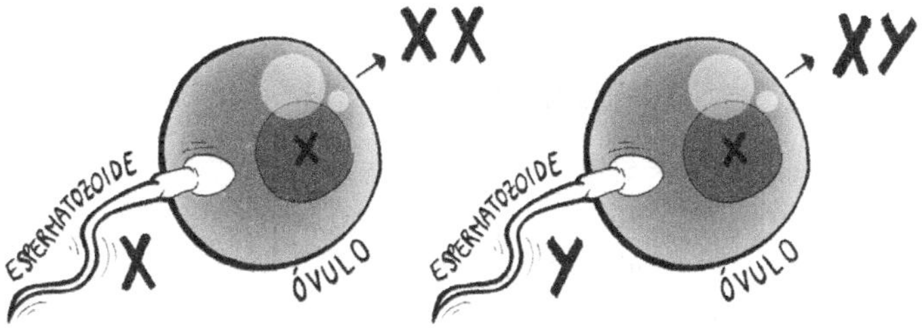

Figura 12. Determinación del sexo cromosómico en la fusión de gametos humanos

Cuando se fusionan los espermatozoides con los óvulos juntan sus copias de ADN y pasan a formar una célula diploide (2n) con un material genético completo para constituir un nuevo individuo.

Puesto que todos los óvulos llevan una X, será el espermatozoide que lo fecunde el que determine el sexo cromosómico del bebé ya que, insisto, es el que porta otro cromosoma X o un Y.

La cuestión, como ves, no tiene mucho misterio, pero esto no nos explica el sexo de un individuo, tan solo nos da información sobre qué copias de cromosomas sexuales tiene.

Esta es la razón por la que se han ido desarrollando categorías con respecto al sexo y este aspecto ha pasado a denominarse sexo cromosómico.

Es indudable que los cromosomas influyen en lo biológicamente entendido como sexo. Los cromosomas XY y XX van a influir en la producción de gametos, pero no son determinantes.

Como vimos antes, si el gen SRY del cromosoma Y no se expresa adecuadamente, el individuo desarrollará genitales femeninos en lugar de masculinos, a pesar de sus cromosomas.

¿Podemos por lo tanto tomar el genoma de un individuo y

saber si produce gametos femeninos o masculinos sobre la base de sus cromosomas sexuales?

No.

DIMORFISMO SEXUAL

Existen otras cuestiones que tradicionalmente se han vinculado al sexo. Con esto quiero decir que hay aspectos morfológicos estadísticamente relacionados de forma significativa a la producción de gametos femeninos o masculinos.

En la especie humana, cuando un individuo produce gametos femeninos tiene una serie de características morfológicas y químicas que acompañan ese proceso y lo mismo ocurre con los machos. No ocurre en todos los individuos y mucho menos con la misma intensidad. Son tantos los caracteres vinculados a millones de genes diferentes que los resultados finales en cada persona van a ser prácticamente únicos.

Independientemente de esta exclusividad genética, la ciencia necesita hacer ciertas agrupaciones para estudiar los fenómenos naturales y sociales.

Rescatando el concepto de *gender reveal*, los efectos en la sociedad de nuestra biología son reales, pero no quiero saltarme capítulos, quiero empezar contando cómo llegamos a tener ese dimorfismo sexual.

Una vez se fusionan el óvulo y el espermatozoide, constituyen una célula diploide que empieza a replicarse sin cesar. Tenemos ya un embrión.

A veces resulta complicado distinguirlo de un tumor. Buscando su definición en Google encuentro lo siguiente: «Masa de tejido de una parte del organismo cuyas células sufren un crecimiento anormal y no tienen ninguna función fisiológica; estas células tienen tendencia a invadir otras partes del cuerpo».

¿No es esto acaso lo mismo que un embrión?

Su tratamiento y extirpación también son costosos, dolorosos y superar el trauma de tener uno es complejo, te acompaña toda la vida.

Cinismo aparte, esa masa de células sí tiene función fisiológica. Pronto empieza a intercambiar información con el entorno a través de nutrientes y hormonas. La comunicación con la madre se intensifica a medida que avanzan las semanas de gestación y la información que reciba va a condicionar el desarrollo del feto.

Es aquí donde empiezan a interactuar de forma notable los distintos alelos con el ambiente. El entorno en el vientre materno puede activar y desactivar regiones del ADN que ha heredado ese embrión a lo largo de todo el embarazo.

En la primera semana podemos hablar ya del cigoto, desde su fecundación este va descendiendo por la trompa de Falopio hasta el útero y en el camino ya empiezan las primeras segmentaciones en las que pasa de ser una célula a una masa de células con un mismo ADN.

Casi una semana después de la fecundación, el embrión está implantado ya en el útero. En este proceso, comienza la secreción de una hormona, la hormona gonadotropina coriónica humana (HCG, por sus siglas en inglés), también conocida como hormona del embarazo. Es esta misma la que van a detectar los test de embarazo.

El primer trimestre va a estar condicionado por esta hormona, es cuando más abunda y está asociada a las náuseas y vómitos que puede sentir la madre durante ese periodo. La producción de esta hormona supone un aviso a la gestante de que hay una vida en su interior. De esta forma, el embrión consigue que le empiecen a llegar nutrientes y las hormonas necesarias para su desarrollo. Esto para la madre puede suponer una etapa desagradable ya que suscita importantes cambios hormonales en su cuerpo, y el periodo de aclimatación

DATO CURIOSO
TEST DE EMBARAZO

El útero es un órgano muy vascularizado, tiene muchísimos capilares sanguíneos que llevan y recogen sangre con sustancias que transportan por el organismo. Cuando empieza la producción de HCG, esta pasa a la sangre. Los riñones se encargan de filtrar la sangre del organismo para eliminar residuos del metabolismo celular y estos van a ser excretados en la orina. La hormona del embarazo no se filtra por completo y por eso podemos detectarla. Al no excretarse toda en la orina, vamos a poder encontrarla ahí o en la sangre, por eso mismo podemos ver en un test de embarazo o en una analítica si una mujer está embarazada.

Ya que el embrión puede tardar de seis a diez días en implantarse y comenzar a producir HCG, hay que dejar este margen tras la relación sexual para asegurarse de que el resultado de la prueba de embarazo es correcto. Si la realizamos antes podría no haber tenido lugar aún la implantación y, por lo tanto, darnos un falso negativo.

puede conllevar una desestabilización de otras hormonas y neurotransmisores que, hasta el momento, operaban en equilibrio.

Entre el entorno metabólico y hormonal que genera la madre y el ADN del propio feto se van a desarrollar las bases del organismo adulto. Parte de estos caracteres van a estar asociados al sexo y es donde vamos a poder ver una división entre lo que hoy denominamos en algunos contextos sexo cromosómico, hormonal, gonadal, anatómico y, si se me permite, quiero añadir la categoría de sexo autopercibido.

El problema con el uso de estas categorías es que no son tan estancas como parecen, unas pueden condicionar el desarrollo de otras y, por lo tanto, suelen estar relacionadas.

El establecimiento del sexo cromosómico ya lo hemos visto: mediante la fusión de cromosomas de los gametos, 23 de cada progenitor, obtenemos un cigoto con un genoma completo, 46 cromosomas. El par número 23 será el XX o XY. Estos cromosomas tienen genes que influyen en cómo se desarrollan las otras categorías de sexo.

Hasta la séptima semana de embarazo da igual si el sexo cromosómico es XX o XY, las diferencias en el desarrollo, hasta esa fecha, son indetectables. Es aquí donde la activación del gen SRY, localizado en el cromosoma Y va a marcar la primera diferencia.

Independientemente del sexo cromosómico, hasta esa semana ambos tipos de individuos tienen unas gónadas comunes. En los embriones en los que se activa el gen SRY, se produce una diferenciación de estas gónadas. Parte de esas estructuras derivarán en la formación de unos testículos. Si no se activa, siguen su evolución hasta convertirse en los ovarios. En estos individuos no va a haber estimulación para que el clítoris crezca, sin embargo, si el gen SRY se activa, además de dar lugar a testículos, el clítoris crece dando lugar a un pene.

INTERSEXUALIDAD

En el desarrollo de los genitales pueden ocurrir infinidad de procesos que no deriven en esta dualidad de ovarios y clítoris o pene con testículos.

Se estima que hasta un 1,7 % de la población mundial se encuentra en esta casuística.

¿Es un porcentaje bajo?

Por supuesto.

¿Es una excepción a la norma?

Estadísticamente sí.

¿Significa esto que es una muestra insignificante?

No.

Todos conocemos a personas con ojos verdes. Piensa en cuántas personas con ojos verdes has visto en tu vida, en la calle, en clase, en la tele, etc.

Yo soy una de esas personas y representamos tan solo el 2% de la población mundial, un porcentaje similar al de personas intersexuales.

Los ojos verdes son mucho más visibles y por eso ahora estarás dándole vueltas a la cantidad de personas intersexuales que habrás visto en tu vida sin saberlo.

En la Tierra hay unos 7.800 millones de personas. Si calculamos el 1,7% de 7.800.000.000.000 personas, obtendremos que hay 132.600.000.000 personas intersexuales en el mundo, casi el triple de la población española.

Con esto de la intersexualidad no pretendo aportar absolutamente nada.

Cuando se utiliza como argumento para restarle importancia al sexo gonadal no nos dice mucho, pero la respuesta que suelo oír es que son excepciones.

Estadísticamente lo son, pero no me parece una cifra menospreciable de seres humanos. Desde luego es una cifra más que suficiente como para considerarlo una realidad más, darle visibilidad y estudiarlo para entendernos mejor como especie.

Existen múltiples tipos de intersexualidad.

El proceso que lleva al dimorfismo genital no es tan sencillo como que se active o no el gen SRY.

Los genes pueden activarse y producir hormonas con una

función determinada, pero estas necesitan receptores, estructuras proteicas que recogen estas sustancias y llevan a cabo una función.

Si el gen SRY se activa pero el individuo no tiene los receptores, no funcionan o no hay una buena coordinación, el resultado final puede ser muy variado.

Antes de llegar a la diferenciación de los genitales, encontramos intersexualidad en el sexo cromosómico.

En la fusión de gametos pueden darse distintas situaciones que pueden llevar a la formación de gametos en los que falta parte de un cromosoma X o tan solo hay uno. Como ocurre en el síndrome de Turner en el que las personas que lo padecen no desarrollan caracteres sexuales adultos y son estériles.

Existen individuos con cromosomas XXY y también son estériles. Cuando no se activa el gen SRY, tenemos un XY con algunas características morfológicas asociadas a machos pero con genitales femeninos.

Otra variante de intersexualidad es aquella en la que existen ambos pares conviviendo en el individuo XX y XY. En estos casos pueden desarrollar ambos tipos de tejido gonadal y ambigüedad genital.

El espectro dentro de la intersexualidad puede dar casuísticas en las que hay complicaciones para la salud y han de tomarse medidas, pero muchas otras no limitan con un desarrollo adecuado del individuo. Este espectro no termina simplemente en lo que denominamos intersexualidad, las variaciones en la coordinación de genes, hormonas, receptores y otros factores que afectan al dimorfismo sexual también se dan en los individuos que consideramos correctamente sexuados.

SEXO HORMONAL

A lo largo de todo el desarrollo embrionario, las células van cambiando. En los primeros estadios del desarrollo, en esas primeras divisiones, todas las células son iguales; tienen la misma forma y función.

A medida que pasan las semanas, la disposición de las células del embrión evoluciona de forma que se van constituyendo agrupaciones celulares y el embrión se polariza. Habrá una parte expuesta a unos estímulos mientras que el otro polo recibirá otras señales que condicionan el crecimiento.

A medida que crece el embrión, las células expuestas a diferentes estímulos asumen diferentes funciones, cambian de forma y empiezan a producir distintas sustancias. Así es como se forman las células de la piel, de los músculos, de los huesos o del sistema nervioso, por ejemplo.

En esa diferenciación se acaban produciendo unas células especializadas en la producción de hormonas, esas sustancias que viajan a través de la sangre a otras partes del cuerpo para cumplir una función. A esas células las llamamos glándulas endocrinas.

Las hormonas son los mensajeros químicos del cuerpo y están muy vinculadas al sistema nervioso. Podemos hablar incluso de un sistema neuroendocrino ya que la estimulación de producción de hormonas suele estar regulada por el sistema nervioso, pero también ocurre a la inversa, las hormonas pueden desencadenar reacciones en el sistema nervioso.

Las señales del sistema neuroendocrino van a condicionar tanto nuestro desarrollo como nuestra vida adulta. Cerebro y órganos se organizan para que podamos funcionar.

A partir de la octava semana del desarrollo embrionario podemos observar la producción de una de las hormonas sexuales más conocidas, la testosterona. Esta hormona se produce tanto en los ovarios como en los testículos, pero en estos segundos su producción es mucho más abundante y va a condicionar en mayor medida el desarrollo de otros caracteres en esos individuos.

Alrededor de esta semana del embarazo, cuando la activación anterior del gen SRY ya había dado lugar a la formación de testículos, estos empiezan la producción de testosterona que acelerará el desarrollo del pene y del resto del aparato reproductor.

En el caso de los individuos en los que no ha habido esa activación del gen SRY, la formación de los ovarios los ha constituido también como glándulas secretoras, en este caso de estrógeno. Esta hormona va a inducir el desarrollo del clítoris, labios mayores, labios menores y el vestíbulo.

Esto implica que hasta el segundo mes de embarazo, casi el tercero, no podemos percibir la genitalidad del feto en una ecografía, ya que independientemente de que el gen se haya activado con anterioridad, los testículos aún no habrán descendido ni se habrá desarrollado el pene.

Una vez formadas estas estructuras, seguirán funcionando como glándulas de producción de hormonas sexuales.

De esta forma podemos vincular el sexo gonadal al hormonal. Si el sexo gonadal es de ovarios, tendremos una producción más elevada de estrógenos; en el caso de testículos, destacará la producción de testosterona. A pesar de esto, el desarrollo de ambas glándulas no implica unos niveles de producción hormonal iguales en todos los individuos ni tampoco implica que tengan receptores para que estas hormonas tengan siempre los mismos efectos.

La forma que tiene la sociedad de evaluar la producción hormonal es a través de los rasgos que percibimos; en el caso de los bebés e infantes, el único dimorfismo sexual que se puede percibir es la genitalidad.

Es más adelante, en la pubertad, cuando podemos ver otros

cambios corporales asociados al dimorfismo sexual que también están vinculados al ADN y a las hormonas.

SEXO ANATÓMICO

Podríamos decir que el sexo gonadal es también anatómico, pero cuando se habla de esta categoría se hace referencia a otras características físicas, además de la genital.

Dentro del cerebro también existe producción hormonal. El hipotálamo es una estructura muy vinculada a la regulación del sistema neuroendocrino. Es como un laboratorio que está analizando constantemente nuestra sangre, detectando nuestras necesidades y emitiendo órdenes para hacer reajustes.

Trabaja íntimamente con una estructura que está a sus pies, la hipófisis. Esta recibe órdenes del hipotálamo y produce las hormonas pertinentes que viajarán por la sangre hacia el órgano diana donde cumplirán su cometido.

Cuando el cuerpo llega a unos puntos de desarrollo determinados a nivel óseo, muscular, cerebral y de órganos, el cerebro considera que estamos listos para reproducirnos. Entiende que, como nuestro cuerpo ya está lo suficientemente desarrollado, podemos pasar la mitad de nuestro ADN a otro.

En este punto, el hipotálamo produce la hormona liberadora de gonadotropina (GnRH, por sus siglas en inglés).

En el caso de los individuos que tienen ovarios, cuando la GnRH llega a la hipófisis da comienzo el primer ciclo menstrual. La hipófisis produce la hormona folículo estimulante (FSH, por sus siglas en inglés). esta llega al ovario y allí estimula la producción de estrógeno, hormona que va a condicionar algunos cambios anatómicos.

Estas hormonas a lo largo del ciclo van a ser liberadas a la sangre en grandes cantidades. La interacción de estas, sobre

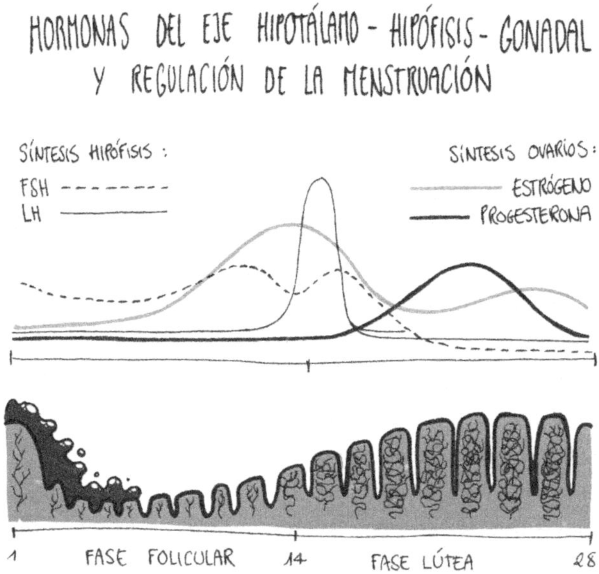

Figura 13: Sucesión de fases y hormonas en el ciclo menstrual

todo del estrógeno, con otras partes del organismo va a producir una serie de cambios anatómicos.

Para que los estrógenos hagan un efecto en el dimorfismo sexual, han de tener receptores para ello. Podemos tener un individuo con ovarios, en el que se produzca GnRH y FSH, con la consecuente producción de estrógenos, pero si su cuerpo no tiene receptores o los que tiene no son suficientes, esta hormona no hará su efecto.

Algunos de estos receptores se encuentran en las mamas. Cuando estas reciben suficiente cantidad de estrógenos empiezan a desarrollarse constituyéndose como una de las diferencias morfológicas más características, aunque no la única.

Los receptores de estrógenos van a afectar al desarrollo de la constitución ósea y del reparto y distribución de la grasa

DATO CURIOSO

CICLO MENSTRUAL

La hormona folículo estimulante (FSH) llega al ovario, estimula la producción de estrógeno, y este a varios folículos, aunque solo uno será liberado. Esta es la fase folicular en la que el endometrio se ha ido engrosando poco a poco. Esta estructura recubre el útero y está constituida por muchos capilares sanguíneos y pequeñas arterias que se llenan de sangre creando una estructura esponjosa, capilarizada y llena de nutrientes para acoger a un posible embrión.

Cuando los niveles de progesterona son elevados, el hipotálamo hace que la hipófisis secrete hormona luteinizante (LH). Empieza aquí la fase lútea y lo hace con la ovulación; un óvulo que desciende por la trompa de Falopio hacia el útero.

Cuando la LH llega al ovario, allí estimula también la producción de progesterona; se encarga de preparar el cuerpo para una gestación y engrosa más el endometrio.

Si el ovario no es fecundado, no se producirá ninguna señal que avise al cerebro de que hay un cigoto implantado y este interpretará que hay que deshacerse de las condiciones propicias para la gestación. Es aquí donde se produce una constricción de los vasos sanguíneos del endometrio y se corta el flujo de sangre y oxígeno al tejido endometrial, provocando una isquemia. El útero comienza a contraerse para favorecer la expulsión de la parte superficial del endometrio, la sangre menstrual. Además, una inhibina para la producción de estrógenos y progesterona. Esto estimula de nuevo a la FSH, que comenzará el siguiente ciclo menstrual.

corporal. Estos constituyen algunas de las diferencias morfológicas sexuales que son fácilmente perceptibles entre distintos individuos de la especie.

Las diferencias anatómicas son evidentes, pero no permiten formar dos categorías estancas de personas A o personas B. Hay personas B que tienen características A, y viceversa. Por eso, aunque podamos decir que los B son más altos, no podemos coger a un ser humano, medirlo y afirmar que es B.

Esto es aplicable a casi cualquier categoría asociada a un dimorfismo sexual. Si hacemos un «quién es quién» de dimorfismo sexual, no podemos asegurar que alguien con bigote tiene genitales.

¿Es estadísticamente más probable?

Totalmente, pero no acertamos ni en el 90% de los casos.

Bigote tenemos casi todas las personas en la etapa adulta, el espesor es claramente distinto, pero hay una mitad de la población condicionada socialmente a quitarlo independientemente de si es muy espeso o una pelusilla de melocotón. Podría poner ejemplos como este en ancho de hombros, de cadera, desarrollo de mamas, largo de pie o peso corporal, pero creo que queda claro el ejemplo. No podemos coger ninguna de estas características y asociarlas a un sexo.

Es lo mismo que pasa con los cerebros. No podemos saber si un cerebro es de hombre o de mujer. Si te pongo un cerebro en una mesa, aunque tengas al lado un atlas del cerebro humano y diez expertas en neurociencia, no podréis asegurar si se trata del cerebro de un hombre o de una mujer.

Es posible que existan características que lo permitan diferenciar con exactitud, pero hoy en día no se conocen.

Si juntamos millones de cerebros, podemos ver tendencias en algunas estructuras, igual que con la estatura, pero nada que nos permita diferenciarlos. Hay que seguir dando margen a la investigación ya que, precisamente la neurociencia, es un campo en el que, hasta hace poco, no se tenían herramientas de estudio adecuadas.

En muchos estudios podemos encontrar consenso en las diferencias de algunas estructuras cerebrales, pero estas diferencias no se encuentran en niños. Desconocemos si se trata de la evolución del cerebro en la etapa adulta condicionada por nuestro sexo o, como apuntan muchas investigaciones, si se trata de estructuras desarrolladas en función del rol social.

El cerebro, a pesar de no ser un músculo, funciona como si lo fuera. Cuanto más usas una parte, más crece. Se enriquece de células y neuronas destinadas a cumplir esa función y obtiene más activación y recursos que otro cerebro que no use tanto esa área. Es sonado el ejemplo de los taxistas que tienen más desarrollada que el resto de la población su área del cerebro vinculada a la memoria espacial. Su hipocampo es significativamente más grande que el del resto de las personas y, que sepamos, una persona no nace taxista.

El uso de distintas regiones cerebrales va a fomentar diferencias morfológicas y, por lo tanto, es muy difícil estimar si van a tener lugar o no.

En el caso de las mujeres, estamos expuestas a roles sociales que asumen que somos buenas en la conversación, en las emociones, en la escucha activa y en las tareas sociales. Resulta intuitivo pensar que si desde pequeña estoy jugando a crear historias, resolver conflictos entre muñecos y escuchar series adolescentes dramáticas de amor, tendré más entrenados esos aspectos que una persona que no lo haga.

Por otro lado, si a los hombres los enfocamos desde niños a roles técnicos y de manipulación de herramientas, a la vez que proyectamos sobre ellos experiencias negativas cada vez que expresan emociones, vamos a generar *cracks* de la tecnología con unas áreas del cerebro que parecen estar diseñadas para ello y, por otro lado, áreas vinculadas a aspectos sociales menos desarrolladas que podrían justificar cierta incompetencia emocional.

En el pasado se han hecho verdaderas barbaridades en cuanto a tratar de encontrar diferencias en los cerebros de hombres y mujeres, todos enfocados a demostrar la inferioridad de las segundas, ¡cómo no!

Hoy en día, como te digo, aún nos falta camino. Se han encontrado diferencias en la anatomía cerebral en torno a volúmenes absolutos. Otras investigaciones refieren haber encontrado diferencias estructurales en el área de Broca, cuerpo calloso, hipocampo y amígdala.

En una revisión de 2021 donde se estudiaron muchas publicaciones tanto de orientación sexual como de identidad de género, los autores llegaron a la conclusión de que a pesar de que puede haber tipos de estructuras más comunes en un sexo u otro, cada cerebro es como un «mosaico único» y que, efectivamente, aún no podemos coger un cerebro y saber si es de hombre o mujer. Señalaron que es necesario seguir investigando las áreas cerebrales donde se han encontrado dimorfismos sexuales, como es el caso del transporte de serotonina, el hipocampo, hipotálamo, caudado y cuerpo calloso, así como seguir estudiando las áreas del cerebro que se han vinculado a la percepción de la identidad, como es el caso del córtex parietal, córtex insular y las conexiones con el tálamo y el putamen (mi parte favorita del cerebro).

Algo muy importante que subrayan los autores de esta revisión, y que es extrapolable a toda la investigación reciente con neuroimagen en neurociencia, es que la correlación entre una función del cerebro, la variación en volumen o su activación con una actividad o conducta no tiene por qué indicarnos que esta cuestión esté directamente vinculada a la causalidad de la conducta.

Cuando ponemos a una persona en una máquina y miramos

qué partes del cerebro se activan, eso es lo único que vemos. Hay algunas pruebas que lo que miden, por ejemplo, es la cantidad de sangre o una molécula concreta que llega a una parte determinada del cerebro.

Podemos ver qué parte del cerebro de alguien se activa cuando miente, pero ¿qué nos dice eso?

¿Es ahí donde se genera la mentira? ¿Es un área que avisa a la persona de que la información que está diciendo es falsa? ¿Es un área vinculada a la creatividad?

Si nos ponemos ya superescépticas, podría tratarse simplemente de una parte del cerebro cuya función no está relacionada en absoluto y que lo estemos mirando todo mal.

Los investigadores de esta revisión subrayan también que la conducta humana es supercompleja y no podemos explicar un comportamiento basándonos en una sola parte del cerebro.

Si quieres saber más al respecto de estas atrocidades, solo puedo recomendarte encarecidamente que leas *El género y nuestros cerebros* de Gina Rippon. Es un libro actual, de 2020 y nos deja bien claro todo en cuanto al supuesto dimorfismo sexual y cómo estamos aún muy verdes en cuanto a conocimiento sobre cómo funciona el cerebro humano. En este punto no podemos ni empezar a descubrir si existe realmente dimorfismo en el cerebro. A pesar de que hay evidencia de partes que pueden ser distintas en ambos sexos, nos falta conocer si estas diferencias son innatas o adquiridas en nuestro contexto cultural e histórico.

El campo de estudio, con los métodos actuales, es novedoso y solo podemos tener paciencia y esperar.

SEXO AUTOPERCIBIDO

La transexualidad es un tema que parece no dejar indiferente a nadie.

Cuando se menciona, podemos ver que todo el mundo tiene algo que decir, aunque no se hayan informado anteriormente o no le hayan dado nunca ni un par de vueltas.

En cuanto explicas que hay personas que no se identifican con el género/sexo asignados al nacer, la gente lo tiene claro, o le parece bien o le parece mal. Como si se tratase de algo opinable. Pronto estaremos opinando sobre si nos parece bien que el cielo sea azul o estaremos incluso cuestionando su color.

En estos debates se obvia la realidad de millones de personas que afirman no identificarse con el género/sexo asignado al nacer o con ninguno y la opinión personal del objetor parece que cobra más relevancia.

Se insulta la capacidad de autopercepción diciendo que las ideas y sentimientos no pueden ir más allá que la biología cuando, curiosamente, ese discurso son ideas y pensamientos también.

El glosario de la página siguiente ha sido extraído del *DSM-5 Manual diagnóstico y estadístico de los trastornos mentales* de la Asociación Americana de Psiquiatría.

La selección del *DSM-5* como fuente de información no ha sido casual. Este libro es algo así como la biblia que dicta cómo se diagnostican nuestras cabezas.

Si en este manual algún día dice que abrir las bolsas de patatas fritas al revés es un trastorno mental, pues así será.

Personalmente estaría de acuerdo con el diagnóstico. Algo tiene que estar mal enchufado en una cabeza que está cómoda dejando las letras y el diseño boca abajo mientras come.

También estaría de acuerdo en incluir la conducta de comerse las palomitas del cine en los tráileres como un trastorno grave de urgente revisión y, ya que estamos, lo de empezar la *pizza* por los bordes tampoco me parece de fiar.

DATO CURIOSO

GLOSARIO PARA ENTENDER LA IDENTIDAD DE GÉNERO

Género: rol público y reconocido legalmente.

Asignación de género: identificación inicial del individuo como mujer o varón. Da lugar al género natal.

Género atípico o inconformista: son los rasgos somáticos y/o conductas que no coinciden con los de un sujeto de su mismo género asignado.

Identidad de género: es una categoría de identidad social que se refiere a la identificación con el género femenino, masculino o no binario.

Disforia de género: es un término empleado como categoría diagnóstica que hace referencia a una insatisfacción afectiva y cognitiva con el género asignado.

Transgénero: hace referencia al amplio espectro de sujetos que de forma permanente o transitoria se identifican con un género distinto al natal.

Transexual: son aquellos sujetos que buscan o han experimentado una transición social de varón a mujer o de mujer a varón, lo que en algunos casos puede conllevar una cirugía de reasignación sexual.

¿Tendrá buzón de sugerencias esa asociación?

Podemos juntarnos y mandar unas cuantas. Seguro que tú también tienes algunas en mente.

El asunto es que esa peña se reúne y, sobre la base de un detenido estudio de la evidencia científica y la influencia del contexto histórico y cultural, determinan qué cuestiones son de no estar bien de la cabeza.

En 1974 retiraron la homosexualidad como trastorno señalando que nunca debería haber estado incluida.

Esto nos hace ver que es una asociación falible.

Como ocurre con la ciencia, este manual se revisa y cambia y es imposible que no esté influenciado por el contexto histórico y social. Este nos atraviesa a todos, independientemente de nuestra profesión y formación.

Hasta 2012, cuando se hundía el *Concordia* y Obama renovaba jugando para la Casa Blanca cuatro años más, no se retiró la transexualidad como trastorno en este manual.

Si yo fuese homosexual en 1974 o transexual en 2012, creo que hubiese ido a darle en la cara con el manual a todas las personas que me hubiesen cuestionado o agredido. Pero pronto me habría dado cuenta de que poco importa ese manual.

¿Quién carajo conoce el dichoso manual?

¿Eran nuestros abuelos homófobos por haberse leído el *DSM-5*?

No lo creo.

La sociedad no era homófoba y tránsfoba como consecuencia de la evidencia científica de un manual psiquiátrico. Más bien, podríamos decir que el manual era homófobo y tránsfobo porque la sociedad lo era.

Prueba de ello es que tengo que dejar de hablar en pasado. Hace cuarenta y ocho años que no se considera la homosexualidad un trastorno y sigue habiendo terapias de reorientación sexual.

Lo mismo ocurre con la transexualidad, donde una década no ha sido suficiente para dejar evidencia de que no hay trastorno mental alguno detrás de ello.

Me gustaría dar un mensaje alentador, pero es que ni cinco décadas han sido suficientes para las personas homosexuales y, en su caso, hay mucha evidencia científica respaldando que su conducta de orientación sexual es una cuestión biológica y científica. Nada susceptible de ser cambiado con ninguna terapia.

El problema es ese, que nos encanta agarrarnos a los datos y a la evidencia científica cuando la hay. Insisto, no nos hace falta porque la base de la discriminación no es un manual, pero si la hay, ya no hay quien nos pare y nos venimos arriba.

Con la transexualidad, la base de la discriminación está clara, como la sociedad nos separa según nuestro sexo anatómico, en concreto el genital, asumimos eso como la base de la identidad.

La premisa es que si tienes vagina, eres mujer y has de sentirte mujer. Si tienes pene, eres hombre y has de sentirte hombre. Asumimos que un genital va siempre acompañado de unas hormonas, un funcionamiento adecuado de las mismas, unas características físicas y una percepción de ellas acorde a lo esperado.

Efectivamente, toda esta información sobre características morfológicas es material, es tangible, evaluable y medible fácilmente por instrumentos científicos.

Hace cientos de años, no podíamos hablar de sexo hormonal porque no sabíamos que existían las hormonas y, mucho menos, cuantificarlas. A pesar de eso, estaban ahí y eran materiales aunque no tuviésemos forma de saberlo.

Lo que concebimos como realidad material va ampliándose cada vez que obtenemos nuevas herramientas para medir cuestiones que antes no se entendían o podía parecer metafísicas y que, sin embargo, estaban.

Muchas conductas para las que antes teníamos explicaciones fantásticas de posesiones y brujería, han encontrado explicación material y plausible en nuestro cerebro. Al fin y al cabo, aunque queramos darle explicaciones espirituales o metafísicas a la conducta, esta no existe sin un sustrato físico y material como canal, nuestro cerebro.

A mi entender, aún no tenemos herramientas para medir los comportamientos humanos, solo la ciencia de la psicología es capaz de evaluarlos, medirlos y registrarlos.

La neurociencia va siguiendo sus pasos tratando de dar explicación material a esos hallazgos, pero la falta de explicación para un fenómeno no lo hace falso.

Si quieres, podemos incluir a Dios en esto. Yo me declaro agnóstica, no puedo demostrar ni que exista ni que no y me considero lo suficientemente humilde como para entender que no tenemos las herramientas para empezar a medir tal cosa siquiera.

A día de hoy, la cuestión de la identidad sigue en el campo de la metafísica. No sabemos exactamente cómo se construye ni qué significa desde el punto de vista cerebral. Entendemos que tiene que ver con la percepción que tenemos de uno mismo, pero es muy complejo llevar esto a un campo biológico en nuestras neuronas. Hablo de identidad en general, pero la cuestión de identidad sexual o de género va más allá.

Quiero compartir información delicada. Digo esto porque se trata de estudios escasos que hay que coger con pinzas y esperar a que se repliquen en distintos laboratorios independientes y se obtengan los mismos resultados.

Dick Swaab, un reputado pero controvertido neurólogo holandés, afirma que sí hay un origen biológico para la transexualidad.

Insisto, creo que hay poca evidencia para demostrarlo todavía, considero que hay que tomar esta información con delicadeza y esperar años, incluso décadas, para poder comprobar si esta cuestión es así.

Este autor habla de percepción del género y habla también de un dimorfismo sexual en el mismo. Swaab, a mi parecer, se

DATO CURIOSO
DISFORIA DE GÉNERO

En el *DSM-5* seguimos encontrando un diagnóstico que hace alusión a las personas que muestran disconformidad con el género natal.

Esto no significa que la transexualidad siga siendo un trastorno. A pesar de que el componente central del diagnóstico de disforia de género es la incongruencia que siente la persona con el género asignado, esta no es un trastorno, sino la ansiedad y malestar que se presenta en torno a esa incongruencia.

No debe confundirse con el trastorno dismórfico corporal. En este la persona, independientemente de su identidad de género, percibe que alguna parte de su cuerpo se ha formado de forma anormal y se centra en la alteración o eliminación de esa parte.

precipita al considerar que sí existe un claro dimorfismo sexual entre hombres y mujeres en el cerebro.

Además, asegura haber encontrado estas diferencias en personas transexuales.

Su teoría está enfocada en una cuestión biológica y genital, aunque la extrapola también a la conducta. Esta se remonta al desarrollo en el útero, donde se están constituyendo nuestras estructuras cerebrales y, junto a ellas, muchos aspectos de nuestro yo futuro.

Entre estas cuestiones se encuentra también la orientación sexual de la que hablaremos más adelante. Todas estas modificaciones y variantes se crean sobre la base del entorno hormonal. Swaab afirma que algunas variaciones en la cantidad de hormonas o la interacción con algunas drogas y medicamentos pueden alterar el desarrollo del feto originando un individuo transexual.

Nuestros cerebros tienen un mapa somatosensorial. Es una estructura de nuestra corteza a la que llegan terminaciones del sistema nervioso periférico. Toda nuestra piel y nuestros órganos tienen receptores de tacto y de dolor para sentir esas estructuras y enviar información al cerebro sobre ellas. Como no podía ser de otra forma, nuestros genitales también tienen una representación en ese mapa cerebral.

Ese mapa podría tener relación con la percepción de nosotros mismos y se desarrolla durante el periodo de gestación.

Sobre la base de sus estudios (escasos), este investigador plantea la hipótesis de que en las personas transexuales de hombre a mujer, falta la representación del pene en ese mapa o está alterada la vía que los comunica y, en el caso de la transexualidad de mujer a varón, faltaría la representación de los senos.

Por otro lado, dos estudios, uno de ellos de Swaab también, han encontrado diferencias significativas en una estructura vinculada a la conducta sexual: el núcleo del lecho de la estría terminal (NLET). Se observó que en los hombres el centro de esa estructura tiene el doble de tamaño que en las mujeres.

Dada la dificultad a la hora de encontrar muestras, los datos en personas transexuales son pocos, pero parece ser que sí se ha hallado que el centro del NLET en mujeres transexuales es como el de mujeres cis.

Ocurre lo mismo en hombres trans, aunque se tienen muchos menos datos ya que, estadísticamente, se recoge que la transexualidad de hombre a mujer es más frecuente que a la inversa.

Hasta ahora no había empleado el término cis, pero simplemente has de saber que hace referencia a todas aquellas personas que sí se identifican con el género/sexo asignado al nacer.

Estos estudios de Swaab han sido polémicos y cuestionados como te decía por la cantidad de personas involucradas en ellos, ya que no se consideran muestras representativas.

En la revisión de 2021 hablan de que a pesar de que parece haber diferencias relevantes en la región frontoparietal y cingulopercular en el transgenerismo, se necesita ver un patrón claro acompañado de cambios estructurales consistentes.

Se ha visto que en la mayoría de los cerebros de personas transgénero estudiados sin terapia hormonal, la estructura cerebral es más afín a su sexo natal. Es decir, una mujer trans antes de hormonarse tendría un cerebro con estructuras más parecidas a las de un hombre, pero a pesar de esto, sin hormonarse, se encuentran algunas características parecidas a las de una mujer.

Y tú dirás: «Pero vamos a ver, Tamara, ¿no decías que no hay diferencias demostrables entre el cerebro de un hombre y el de una mujer?, ¿que falta investigación? ¿Cómo puede ser que encuentren similitudes en el cerebro de una persona trans con el de personas cis si, en teoría, no se sabe identificar si un cerebro es de hombre o mujer?».

Y yo te diré que tienes razón.

Es lo que intento trasladar, que la evidencia en torno a la identidad de género y dimorfismo sexual en el cerebro es controvertida y falta mucho por hacer.

El resumen es que sí que encontramos algunas diferencias en los cerebros de sexo femenino y masculino en muestras muy muy grandes.

También se han encontrado diferencias en las personas transgénero. Aunque sus cerebros tengan más en común con el de su sexo biológico, podemos ver características en común con el sexo autopercibido.

¿Significa esto entonces que la conducta asociada al sexo que percibimos tiene una base biológica y, en concreto, cerebral?

A mi entender, con la evidencia científica actual, nadie debería poder contestar a esto con rotundidad.

Yo soy cis. A mí me han dicho que soy mujer y mis genitales, mis hormonas, mi anatomía y mi sexo autopercibido encajan. No puedo explicar por qué me autopercibo como mujer, solo sé que esa categoría en mí está bien.

Del mismo modo que no sé explicar por qué está bien la mía, no se me ocurre entrometerme en por qué puede estar mal la de otra persona.

En definitiva, con toda esta información es difícil saber qué es el sexo. Queremos extrapolar una cuestión simple como la diferencia en la producción de gametos a cuestiones de identidad sin entender realmente cómo esta se constituye en nuestras cabezas.

Personalmente veo útil la mención a todos los tipos de sexos que hay.

No son sexos desde el punto de vista biológico, académicamente no serían términos correctos en el ámbito de la biología, pero me parece útil subrayar todos los factores que acompañan al proceso de producción de gametos y que, por lo tanto, tienen relación con el sexo. Es necesario entender cuáles son realmente parte del proceso y cuáles son cuestiones adicionales a las que puede que demos demasiado peso en nuestra sociedad.

8

NI GÉNERO NI GÉNERA

Llegados a este punto, me parece interesante compartir contigo el origen de este libro.

Una servidora, después de un par de conversaciones con personas cercanas que no parecían entender ciertas cuestiones sobre la identidad de género, se decidió en julio de 2020 a hacer un vídeo titulado como este capítulo.

Fue en caliente, sin pensar.

Aún guardo la conversación en la que una amiga y yo, frustradas y tratando de explicar las identidades trans a un amigo, llegamos a la conclusión de que podía hacer un vídeo al respecto.

Me levanté de la cama y me puse a grabar.

Podríamos decir que el vídeo lo *petó*. Hoy en día tiene más de 930.000 visualizaciones y se ha comentado más de 4.500 veces.

Yo sabía que el tema era polémico en mi círculo, pero no sabía cuán polémico podía llegar a ser.

Desde que lo grabé no he hecho más que seguir aprendiendo y escuchando las críticas y los comentarios que complementan la información que tengo.

El tema que abordo en el vídeo, el del género, es complejo y muy delicado en la actualidad. Sin intención de ofender a nadie hablé libremente de mi opinión como mujer influenciada por mi conocimiento en biología y neurociencia.

Cuando vi todo el revuelo que ocasionó, lejos de alejarme del tema solo quise saber más, entender mejor los puntos conflictivos y escuchar todas las voces posibles. A pesar de que siento que me falta una vida, o quince, para poder entender el tema en profundidad, quiero repetir aquí ese contenido de forma detallada para retomar ese diálogo, uno saludable que nos pueda llevar a conciliar posturas.

Lo primero que necesito hacer es aclarar qué es el género y qué el sexo. En el capítulo anterior los he utilizado indistintamente de forma intencionada y es que el concepto género no apareció hasta el siglo XX. Antes estos conceptos estaban incluidos en el término «sexo».

Las explicaciones habituales que giran en torno a estos conceptos limitan el sexo a la genitalidad y a los cromosomas, a eso que llamaríamos sexo biológico, y en la especie humana diríamos que las productoras de óvulos son mujeres y los productores de espermatozoides son hombres.

La explicación del sexo parece muy sencilla y fácil de comprobar.

El género hace referencia a todos aquellos atributos conductuales y, por qué no, expectativas anatómicas, que se asocian a cada sexo.

Podríamos decir que el género lo construye la sociedad sobre los individuos basándose en su genitalidad.

Esto achaca ciertos roles que ya conocemos y se nos instruye para cumplirlos desde que nacemos. Por eso resulta imposible saber si hay algo innato en ellos.

Como podemos comprobar en otros aspectos como, por ejemplo, en música, deporte o matemáticas, cuanto más usamos una parte de nuestro cerebro más se desarrolla. Aunque pudiésemos llegar al punto de encontrar evidencia que achaque un factor innato para algunas de esas conductas o preferencias por unas tareas u otras, es imposible que la educación y el entorno no estén impresos en nuestros cerebros.

Hoy en día no sabemos hasta qué punto podemos hablar de talentos innatos, la neurociencia no está a ese nivel.

Por supuesto que podemos observar en los colegios criaturas con más facilidades que otras, pero es muy complicado dibujar una línea entre lo heredado y lo aprendido.

Desde luego, tenemos mucha evidencia que respalda la importancia del aprendizaje y de la plasticidad de nuestro cerebro ante el mismo.

Lo que para mí no necesita evidencia científica es que en el género no hay libertad. Educarnos desde que nacemos con restricciones, pueda existir o no una base biológica para ciertas conductas asociadas al sexo, está limitando nuestra capacidad de decisión.

¿Cuán libres somos para ser como queramos ser si nacemos rosas o azules?

Cuando la sociedad nos pone pendientes a las mujeres y nos dice que estamos feas cuando nos enfadamos está condicionando nuestra conducta.

Desarrollamos experiencias negativas en torno a la asertividad de expresar lo que nos parece mal. Están diciéndonos que tenemos que estar guapas pase lo que pase. Están perforando nuestro cuerpo para empezar a meternos en la cárcel del género.

No me hace falta esperar a la evidencia. Insisto, por mucho que en un futuro podamos encontrar un vínculo entre la genitalidad, nuestra identidad y la conducta en sociedad, nunca jamás podrá estar justificado obligarnos a encajar ahí porque siempre existirá variabilidad entre individuos.

Educar en igualdad es la única herramienta que nos otorga libertad.

Si llegamos a una sociedad justa en la que, sin roles de

género impuestos, se siguen dando dinámicas que diferencien la conducta de machos y hembras en la especie humana, pues bienvenidas sean, o no, dará igual porque partirá de un escenario de libertad.

Imagino que, hoy en día, ese escenario no gustaría a todo el mundo. Curiosamente, las personas que tengo en mente como detractoras a veces quieren hacernos ver que ya estamos ahí, que ya existe libertad, que si solo un 11% de las personas matriculadas en informática son mujeres es porque así lo quieren ellas en su libertad de elección.

Efectivamente, no hay leyes en España que prohíban estudiar una carrera. Me aventuraría a decir que ya no existen leyes que discriminen sobre la base del sexo más allá de aquellas destinadas a luchar contra la violencia de género. Pero pensar que la libertad es eso, la ausencia de prohibición, se queda en lo más básico de la *basicosidad* y tú y yo no somos así, ¿verdad?

Para mí llegar a una libertad real es totalmente utópico. No sé cuántas generaciones tendrán que pasar para que dejemos de educar sobre la base de la genitalidad y lograr ese escenario de libertad, pero sé que yo no voy a vivirlo.

Te digo más, mi generación es la que está dando cancha a esa ordinariez americana de las *gender reveal party*.

Lejos de caminar hacia una libertad real parece que cobran más fuerza esos estereotipos.

ESPECTRO

Gran parte de lo que asumimos sobre el género de una persona al verla viene dado por sus características anatómicas. Estamos viendo su fenotipo.

Como en aquella estantería de Ikea, las instrucciones son el ADN, el genotipo, y el mueble ya montado es el fenotipo, lo que vemos como resultado final.

Cuando tratamos de ponerle a una persona la pegatina de hombre o mujer, lo que estamos haciendo es categorizar. Como te explicaba antes, en ciencia lo hacemos porque es necesario para el estudio de la naturaleza, pero tú, que igual no has estudiado biología ni te dedicas a investigar, estarás pensando que también usas las categorías en el día a día.

Esto de categorizar lo hace nuestro cerebro sin permiso y no es necesariamente malo. Nuestra cabecita funciona como un ordenador. Ahí dentro tenemos una biblioteca de características que durante nuestro desarrollo y aprendizaje asociamos a conceptos (esto lo explica genial Dani Nogueras en su canal de YouTube «Psychogram»).

Si vemos un instrumento metálico y alargado que termina en cuatro puntas, sabemos que se trata de un tenedor. Si ese mismo instrumento termina solo en una punta afilada sabemos que es un cuchillo.

Esto es así por la capacidad de nuestro cerebro de almacenar las características de algo adjudicándole un nombre y significado.

Cuando hablamos de personas y de saber si están en la categoría de hombre o mujer, lo que observamos no es el sexo biológico como tal.

Cuando vas por la calle no ves los cromosomas, las hormonas o los genitales del resto de las personas, sin embargo tu cerebro identifica hombres y mujeres.

Desde que nacemos vamos aprendiendo a categorizar según lo que se nos enseña. Si nos hubiesen dicho que el objeto metálico y alargado que termina en cuatro puntas es un bastón, así lo habría archivado nuestro cerebro.

Para aprender a distinguir cosas no solo archivamos las características que tiene el objeto, necesitamos reconocer también las que no son propias de ese objeto.

No solo sabemos que el tenedor tiene cuatro puntas, sino

que nuestra cabeza sabe también que no tiene asas ni una superficie cóncava en un extremo.

La verdad es que me acaba de hacer mucha gracia pensar en un tenedor con asas.

En nuestra cabeza, las características que no tiene un objeto restan y las que sí tiene suman.

Para entenderlo podemos pensar en un coche de los de Elon Musk, un Tesla con una pantalla de 17 pulgadas, y en el típico televisor de carrito portátil que tenían todos los colegios de los años noventa.

Si eres milenial, seguro que has escuchado con ilusión la llegada de unas ruedas por el pasillo del cole sabiendo que tocaba una clase diferente.

Lo peor era la decepción al ver que iba para otra aula y que tú ibas a pringar en la clase de Conocimiento del medio con los deberes sin hacer.

El televisor tiene unas características que se suman en positivo, todo aquello que no es una característica de una tele resta. Como te digo, el resultado de la categoría de algo es el total de la suma de características que tiene o que le faltan.

Por ejemplo, el adjetivo «peludo» no acompaña a un televisor. Si ves un televisor forrado en pelo de peluche, esa característica resta, pero como la mayoría de los otros elementos del televisor coinciden con su definición, nuestro cerebro sabe que a pesar de ser peluda es una tele. La suma sale positiva.

Ese proceso es la forma que tiene nuestro cerebro de distinguir objetos, mediante *inputs* positivos y negativos. La suma total nos lleva a la categoría y nos ayuda a distinguir una cosa de otra.

Por eso sabes que aunque el Tesla y la tele milenial portátil comparten características como una pantalla de 17 pulgadas, tener ruedas, ser enchufables a la corriente eléctrica e incluso tener mando a distancia, características distintivas como tener asientos, volante, pesar 30 kg o ser rectangular es lo que las termina de definir.

Sé que le estoy dando muchas vueltas a este concepto. Me he molestado incluso en añadir un esquema, pero me parece muy importante entender cómo categorizamos.

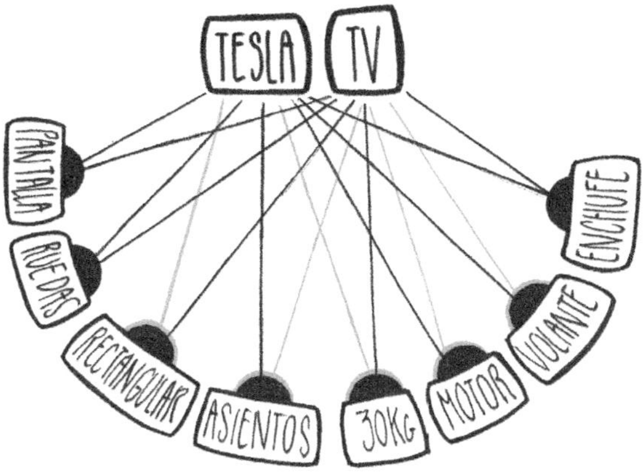

Figura 14. Gráfico de *inputs* para categorizar objetos

La importancia de entender cómo el cerebro procesa esta información es saber que es algo automático e involuntario.

Antes te estaba poniendo el ejemplo de ir por la calle y no poder ver los genitales, hormonas o cromosomas de una persona y, sin embargo, inconscientemente atribuirles una categoría.

Esto lo hacemos basándonos en otras características morfológicas visibles.

Algunas forman parte de nuestra biología y fenotipo como nuestra estructura ósea, estructura muscular, dimensión de senos, vello corporal, facciones, estatura, etc.

En este caso existe una infinita variabilidad individual, pero si nuestra cabeza o un laboratorio estadístico analizan a la población, ven características más abundantes en un sexo que en otro y así se asocian a él como parte de la información para categorizar.

Si tu cerebro, que archiva la información como un ordenador, sabe que la mayoría de los hombres que ha visto tienen pelo corto y las mujeres largo, estas pasan a ser categorías que suman y restan en las respectivas clasificaciones.

En el caso de la categoría hombre, el pelo largo resta y corto suma. Pero obviamente necesitamos miles de características más. Hasta un niño de cinco años sabe que hay mujeres con el pelo corto.

Es fácil entender la individualidad de los seres humanos.

Hay mujeres más altas que muchos hombres, hay hombres con senos, hay señoras con espalda muy ancha y hombres con tendencia a acumular grasa en las caderas.

Entendiendo todo esto resulta absurda la necesidad de categorizar, pero el cerebro lo hace igualmente porque trabaja como un ordenador analizando el entorno y tratando de ordenarlo para que sea previsible y seguro.

Todo aquello que podemos categorizar no desata alarmas de peligro porque es algo conocido y previsible. Por eso nos da tanto gustirrinín poner nombre a todo.

El problema es que, a pesar de la flexibilidad que muestra el cerebro para entender que puede haber categorías que resten y que no pase nada, la sociedad nos obliga a esconder esas categorías y hacer que sumen. Es como si la sociedad no dejase que las teles fuesen de peluche, los coches tuviesen pantalla o los tenedores asas. Afortunadamente, esto no es así, sin embargo en el caso de las personas seguimos intentando que todo sume en positivo para su categorización.

Si eres mujer, tienes que encajar en toda la larga lista de características de mujer, y lo mismo si eres hombre.

Si apelamos a la naturaleza, esto es un absurdo. Dado que estas características fenotípicas dependen del ADN y este puede combinar tantas variables de alelos como personas hay en la Tierra, las opciones son infinitas y es natural encontrar personas con una, dos, tres o muchas características que estadísticamente son más frecuentes en el otro sexo.

La sociedad tiene un paradigma del fenotipo de un macho, de un hombre. Son más altos, fuertes y peludos. Todas estas son características anatómicas vinculadas al sexo masculino. Parece que en cuantas más casillas haga *check* más hombre es.

La televisión, las series y otros medios digitales han hecho mucho daño en este aspecto. Han reforzado muchísimos estereotipos porque, cuando seleccionas a tres actores de características similares para una película, te dejas al resto de los casi ocho millones de personas que hay en la Tierra con características muy variadas.

El cine nunca podrá ser realmente representativo, pero hasta la fecha podríamos decir que ni siquiera se había intentado.

Entre películas, revistas e ídolos, se han constituido modas para hombre y para mujer, como dos casillas estancas.

Parece que nacemos ya depiladas, con las tetas en la garganta, la piel suave y las uñas brillantes.

No se ven los sufrimientos depilatorios, el ejercicio, las dietas restrictivas, los cientos de euros gastados en cremas y las horas de peinados y tratamientos capilares. Y digo que no se ven porque vivimos en un ambiente que incita a ocultarlo y fingir que somos así naturalmente.

En el fondo sabemos que esas dos casillas estancas no existen, pero nos metemos en ellas, nos sumamos al paripé y lo hacemos en una sociedad que no nos da libertad de elección para salirnos del guion.

Sobre el papel sí, eh, siempre habrá algún tonto que te diga que no hay ninguna ley que nos obligue a depilarnos, a cobrar menos o a quedarnos en casa cuidando de la descendencia.

Yo a esta gente le diría «que si quiere bolsa», porque no se me ocurre otra forma de responder al ciego que no quiere ver.

Con esta percepción, yo entiendo los fenotipos asociados al sexo como un espectro, porque no existen dos fenotipos estancos.

El ADN y su interacción con el ambiente dan como resultado final una infinidad de cuerpos.

Podríamos decir que las características relacionadas con la producción hormonal y la genitalidad tienen un espectro en cuyo extremo podríamos posicionar a esos supermachos peludos si quieren.

El tema es que, encima, socialmente nos ha dado por vincular características que no son parte del fenotipo, sino adornos y cuestiones estéticas.

Lo típico de las niñas vestidas con color rosa, pendientes, falda y maquillaje y los niños vestidos con color azul, pantalón y ahorrando el tiempo de maquillarse para hacer cosas de provecho.

De esta forma, sobre nuestras características corporales naturales vinculadas al sexo y a la genética que nos ha tocado, a lo largo de la historia de la humanidad se ha posicionado por encima el género. Es algo así como un extra de presión o trucos para ajustarse aún más a las categorías.

Así se lo ponemos más fácil a los demás a la hora de categorizar. No fuera a ser que en 1502 un hombre tratase a una mujer como una igual sin querer.

A mí ya me parece una mierda tener presión sobre las características anatómicas, lo que te decía de depilarse y de tratar de fingir que naturalmente soy un suave peladillo, pero encima a alguien se le ocurrió condimentar esto con esas normas estéticas como maquillarse, ponerse tacones, sujetadores, faldas y demás prendas...

¡Qué pereza todo!

El tema de estos elementos externos es que han existido siempre y son las modas las que los asocian a un género u otro.

Ya me fastidia que justo en mi época nos toque a nosotras todo lo que resta tiempo y duele, porque hubo un tiempo en el que los hombres de la corte francesa llevaban maquillaje, tacones y peluca.

Creo que este espectro del que hablo es fácil de entender.

En él se combina el fenotipo natural con las modificaciones que le hacemos y los adornos que nos ponemos.

De esta forma cuando vemos personas que cumplen muchas categorías vinculadas al sexo masculino, enseguida lo posicionamos en un extremo del espectro.

El problema del modelo del espectro es que no es trasladable a todas las realidades. Según este tipo de categorización no podría haber individuos que reúnan muchas características masculinas y femeninas a la vez. Aplicar el espectro significa generar características excluyentes y esto no se ajusta a la realidad.

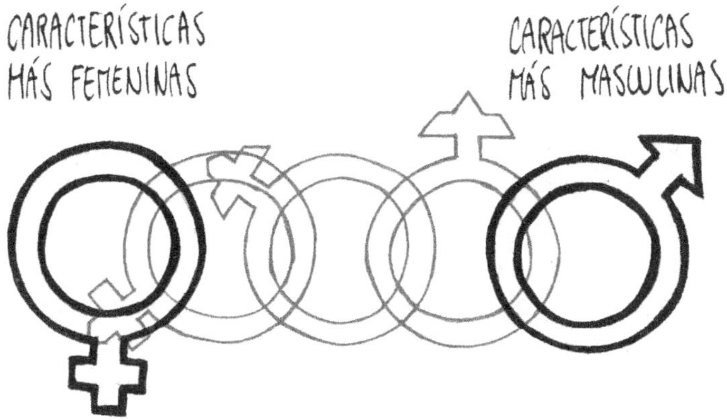

Figura 15. Espectro de masculinidad y feminidad

Cuando grabé el vídeo hablando del espectro aún tenía mucho por aprender y fue ahí donde descubrí que este modelo unidimensional se queda cojo para explicar lo que quiero trasladar.

En los años ochenta, la psicóloga estadounidense Sandra Bem se curró un esquema ortogonal. Como dos ejes de coordenadas X e Y, pero en este caso de masculinidad y feminidad.

Esta representación gráfica nos ayuda a visualizar de forma más acertada la infinita variabilidad de categorizaciones que puede establecer nuestro cerebro para reflejar la realidad que le rodea con respecto al género.

Aunque el resultado de la categorización resulte binario, el proceso no lo es.

Cuando vemos a una mujer con muchos atributos masculinos, la posicionamos en el centro del eje de coordenadas, pensamos que es masculina.

De entrada, el cerebro genera una categoría intermedia que después mueve para decir: «Vale, es una mujer masculina».

Nos aferramos al sistema binario a la fuerza, pero nuestro cerebro tiene la capacidad innata de generar infinidad de opciones intermedias ya que la categoría de hombre y mujer no es innata, es aprendida.

Prueba de ello es que todas estas categorías asociadas a un sexo varían según culturas y constituyen un consenso social.

Esto del espectro y la ampliación a ese sistema de categorización ortogonal es simplemente una justificación social de cómo establecemos el género sobre la base del sexo y distribuimos categorías en las que poner la marca de «visto».

A mí me resulta intuitivo pensar que blindar esas categorías no es saludable para nadie.

La presión de querer pertenecer a un grupo y la búsqueda de identidad está ahí desde que nacemos. Esa aceptación social es necesaria para nuestro desarrollo en la comunidad y

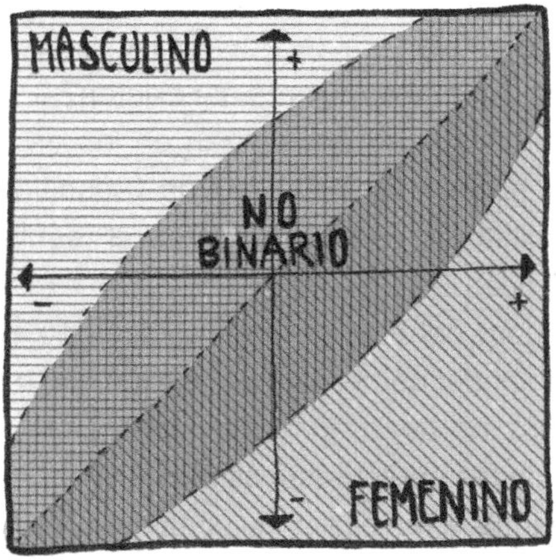

Figura 16. Diagrama ortogonal de las características masculinas y femeninas

por eso las presiones por tener que ajustarse a unas características u otras condicionarán mucho nuestras decisiones.

En ningún momento somos dueños de cómo somos. La lotería genética desempeña un papel fundamental. Habrá mujeres que nazcan con un cuerpo muy normativo, uno que se ajuste a los cánones de belleza y expectativas sobre la feminidad de su época.

Si esa mujer se siente cómoda con sus características y con la asignación basada en sus genitales de género femenino, esta persona poco más tiene que hacer. Se podría decir que todo le encaja a la perfección. Es mujer tanto en su sexo biológico, hormonal, genital como en el autopercibido. Además su anatomía se ajusta a la expectativa social y la condecora con esos elementos asociados al género femenino como vestidos, tacones y maquillaje.

Cuando vemos a esta mujer por la calle, nuestro cerebro la posicionaría en la esquina inferior derecha de ese sistema ortogonal. Superfemenina y cero masculina. No encontraríamos prácticamente ni una característica masculina en ella.

Ahora bien, ¿cuántas mujeres así existen?

Las personas que se encuentran en las esquinas de ese sistema son pocas. Debido a la gran variabilidad genética y conductual existente cada persona es el resultado de miles de características.

En este punto del libro ya hemos recorrido el camino que nos lleva a entender que la autopercepción que tenemos de nosotros mismos no tiene que estar necesariamente alineada con el resto de las características biológicas.

Si entendemos a las personas como un conjunto de su ADN simplemente, veremos que ese espectro que se extiende en ese diagrama ortogonal nos da infinitas posiciones. Pero nos hemos criado con un sistema binario que condiciona nuestra cabeza y a la inmensa mayoría de las personas les entra la necesidad de encajar en ese sistema. Y el recorrido que tiene cada persona para encajar en el sistema es distinto. Si una persona con cromosomas XX y genitales femeninos se identifica más con lo masculino, tendrá un recorrido mucho más largo de cambios anatómicos y conductuales para ajustarse a ello.

Pero ¿es necesario ajustarse?

Ojalá no lo fuera, ojalá viviéramos en un sistema en el que nadie sintiese la necesidad de cambiar su apariencia para expresar su identidad. De ahí el interés de muchas personas en abolir el género.

Pero el sistema en el que hemos crecido hoy en día hace que la mayoría de las personas, en mayor o menor medida, nos ajustemos a ese sistema binario. Lo hacemos porque está así instaurado en nuestras cabezas y salirse de ello genera rechazo.

Para salir de eso hay que romper con lo aprendido.

Si durante décadas nos han enseñado a mujeres con piernas depiladas en contextos atractivos, hemos asociado que eso es el canon de belleza y si te identificas como mujer has de cumplir con eso.

Te puedo garantizar que el famoso concepto de deconstruirse es duro. Aunque racionalmente una sepa que no tiene por qué depilarse tiene metido en la cabeza el pelo corporal como algo feo. Es como si desde pequeñas nos hubiesen hecho un proceso de rechazo como en la película de *La naranja mecánica*. Al protagonista le someten a un tratamiento psicológico basado en asociar escenas de violencia con náuseas de forma que cada vez que quiere pegar a alguien le entran ganas de vomitar.

A nosotras nos han vendido a las mujeres corpulentas y con bigote como las malas de las películas, véase el caso de la señorita Trunchbull en *Matilda*. Como carajos voy a estar cómoda con mi bigote natural y mi espalda de Phelps si el referente femenino que tengo con esas características es un demonio.

Yo me identifico como mujer desde niña, me autopercibo así corporalmente y demás, pero necesito una variedad real de referentes femeninos para estar cómoda con lo que soy sin necesidad de modificarme.

En la actualidad estamos conquistando esos territorios. Gracias a movimientos tan mediáticos como el *Me Too*, que denunció la agresión sexual y acoso a mujeres a raíz de las acusaciones contra el productor de cine estadounidense Harvey Weinstein, desde 2017 podemos ver un gran aumento en la cantidad de mujeres protagonistas y participando en la creación de contenido audiovisual.

Con esto hemos conseguido también visibilizar no solo otros tipos de feminidad, sino también otros tipos de masculinidad y realidades no binarias.

La verdad es que no quiero alargar mucho más este capítulo, ya que este tipo de razonamientos quiero dejarlos para el capítulo final.

Este solo pretende ser un capítulo aclaratorio del porqué de este libro. Que, curiosamente, no es hablar del género, el sexo y las injusticias que viven las personas trans y no binarias.

Este tema simplemente me valió de catapulta para querer hablar de lo injusta que es la sociedad en cuestiones biológicas. De cómo el ADN nos da lo que somos y luego, a través de las normas sociales, empezamos a condenarnos.

9

TEORÍAS GENÉTICAS Y EPIGENÉTICAS DE LA HOMO-SEXUALIDAD

La serie española *Aquí no hay quien viva* se estrenó en 2003 cuando yo tenía unos once años. Es el primer recuerdo que tengo de ver una pareja homosexual. Probablemente, a esa edad ya me habría encontrado con muchas personas del colectivo LGTBIQ+, pero no de forma consciente.

No recuerdo si me impactó ver que Mauri y Fernando eran pareja, pero de verdad, que echando la vista atrás, es la primera que recuerdo.

Sexo en Nueva York es una serie anterior y tiene personajes cliché como Stanford Blatch, que es el típico amigo gay de la protagonista, pero esa serie tardó más años en llegar a mí. Lo mismo ocurrió con *Friends*, esta es la más antigua de las tres (1994) y en su primer episodio ya se habla de Carol, la mujer lesbiana de Ross.

En mi caso, insisto, no fue hasta el tercer año del segundo milenio cuando conocí y normalicé el hecho de que dos personas del mismo sexo fuesen pareja. No solo eso, sino que después de la icónica Belén, eran los personajes con los que más me identificaba ya que eran los más normales y mundanos.

Dos años después de que Mauri y Fernando se presentasen ante el país, el 3 de julio de 2005, se aprobaba el matrimonio entre personas del mismo sexo en España. Cuestión que tampoco recuerdo que me llamase la atención.

Fuimos el cuarto país del mundo en dar este paso, y digo que fuimos, porque es de aquí de donde bebe mi sediento patriotismo. En cuanto a derechos humanos, los españoles somos muy generosos. Yo creo que mientras no nos cueste dinero, estamos dispuestos a dejar que cada uno haga lo que le parezca.

Hasta segundo de carrera nada de lo que viví sobre el colectivo LGTBIQ+ me llamó la atención. A pesar de que la homofobia estaba y sigue estando muy arraigada en la sociedad, tuve la suerte de crecer en un entorno saludable. Aunque la homofobia nos atraviesa a todas las personas, entiendo que esto no es una conducta innata y si de pequeño no has tenido unos padres, profesores u otro tipo de guías que te enseñen a odiar a otras personas sobre la base de su orientación sexual, pues no lo haces. Pero cuando estaba en el segundo curso de carrera pasaron dos cosas que se me quedaron grabadas.

La primera tuvo lugar dando clase a dos niños que iban a colegios de Fomento, institución educativa cristiana cuya afiliación religiosa católica es el Opus Dei. Digo colegios en plural porque eran niña y niño y esta institución segrega por sexos al alumnado.

Recuerdo que un día ayudándoles con los deberes tuve la oportunidad de cotillear su libro de religión. No fue casualidad, yo sabía lo que estaba buscando y, por desgracia, lo encontré. Ese libro hablaba de la homosexualidad como una enfermedad, algo inconcebible ante los ojos de Dios. Condenaba no solo la conducta homosexual, sino el propio pensamiento, la atracción. Pobre del menor LGTBIQ+ que acudiese a esos colegios y recibiera esos mensajes.

Yo, deliberadamente y sin consultar con su madre o sus abuelos, les dije que eso no era así, que no era ninguna enfermedad, que existen distintas orientaciones sexuales entre personas y son todas igualmente respetables.

Para mi sorpresa me hicieron sentir ridícula, me dijeron que ya lo sabían y me mencionaron ochocientos ejemplos de parejas *queer* que conocían de la tele, de internet y de la vida en general.

Por suerte, Carol, Standfor Blatch, Mauri y Fernando fueron los primeros de muchos personajes ficticios y referentes que han ayudado a salvar cabecitas de entornos muy hostiles.

Pensarás que no es ninguna sorpresa encontrar homofobia en un libro de religión y, realmente, no lo fue, yo sabía lo que estaba buscando y que tenía altas probabilidades de encontrarlo. Era una simple confirmación.

La sorpresa más grande no me la llevé en una iglesia o en un seminario, sino en la Facultad de Ciencias de la Universidad de A Coruña.

Como la estudiante pésima de biología que era, mi tiempo en la biblioteca estaba más enfocado a leer de todo menos lo que entraba en mis exámenes. Cuando me aburría de mandar mensajes privados en Tuenti usando la wifi de la biblio, me levantaba a cotillear estanterías. Fue en uno de esos días de infinito aburrimiento cuando encontré un texto que hablaba del origen genético de la homosexualidad.

Aquello captó mi atención de inmediato y, para mi sorpresa, aquel autor compartía escuela con el listillo que escribió el libro de religión de mis queridos alumnos. Aquel tipo describía en un extenso capítulo todos los genes que podían estar relacionados con el origen de una enfermedad llamada homosexualidad.

Me hirvió la sangre, no daba crédito a encontrar tales afirmaciones en la Facultad de Biología. Podía entender que tuviesen eso en un colegio de curas, pero para mí la Facultad de Ciencias era un templo de conocimiento que respetar. ¿Cómo podía estar aquello allí?

En ese momento generé un doble rechazo: aumenté el que

ya tenía a la concepción de la homosexualidad como una enfermedad y, además, generé el rechazo a concebir un origen genético para la homosexualidad. No se me ocurrió que un origen genético no era necesariamente malo. Ignoré la evidencia científica porque no era conveniente para mis valores. Si la justificación para denominar la homosexualidad como enfermedad era que había una base genética, mi cabeza negaba la evidencia de esa base genética.

Aprender a separar la ciencia de la conveniencia es el ejercicio más complejo al que te enfrentas como investigadora. Cuando diseñas experimentos, es difícil no plantearlos para que favorezcan tu hipótesis o sin tener en mente una idea de los resultados que te gustaría obtener.

Hoy en día, en mi tesis doctoral, tengo la suerte de tener una socióloga como asesora para diseñar las encuestas de los experimentos y es increíble lo mucho que sigo aprendiendo sobre cómo, aun sin intención, condicionamos las investigaciones en función de nuestros sesgos de información.

Interpretar la ciencia con las emociones y con nuestros valores es un error, pero si permitimos que estas intervengan en el diseño de los experimentos, solo aquellas personas con mucha formación y criterio podrán hacer un análisis objetivo de la misma.

En segundo de carrera yo no tenía bagaje ni criterio para entender que lo que estaba mal en ese artículo era llamar a la homosexualidad enfermedad. No era capaz de separar esa base genética de una patología. No estaba preparada para leer lo que estaba leyendo con criterio. Hoy entiendo que la biología es la que es. Nos puede gustar más o menos, pero la biología no tiene moral, no determina lo que es bueno o malo, fue aquel tipo el que decidió denominar sus hallazgos como enfermedad.

Imagina, pues, cómo caen ciertas noticias de descubrimientos científicos contadas por prensa sensacionalista a una población que ni siquiera está en segundo de Biología. El caos está sembrado.

Te confesaré que desde aquel susto no he buceado mucho más en las bases biológicas de la orientación sexual y he aprovechado este capítulo para estudiarlas y reconciliarme con ellas.

¿ORIENTACIÓN SEXUAL O DE GÉNERO?

Para empezar es fundamental entender qué es la orientación sexual y cuáles existen. No es casualidad que me centrase en explicar la diferencia entre sexo y género antes de este capítulo.

Estoy segura de que todo el mundo puede entender que a un hombre heterosexual le atraiga una mujer trans. Es aquí donde podemos cuestionar si debemos hablar de orientación sexual o de género. En ese caso, el razonamiento sería que ese individuo se ve atraído por el género femenino y no por el sexo biológico de la otra persona. Es una deducción lógica y coherente, totalmente aplicable al día a día.

El problema de aplicar el término de «orientación de género» a la ciencia es que no se ha encontrado evidencia de que la atracción se constituya sobre la base del género.

¿Ocurre?

Por supuesto que sí, sin lugar a dudas.

¿Se han planteado de esa forma suficientes estudios como para encontrar evidencia que respalde el uso científico del término «atracción de género»?

No.

Esta es la razón por la que me voy a ceñir al término de «orientación sexual». Si voy a hablar de la evidencia biológica que existe detrás de la orientación sexual he de ceñirme a los artículos que hay y a lo que se ha estudiado en ellos.

Una vez establecidos los sexos, la orientación sexual es totalmente independiente de la identidad.

La orientación sexual es la atracción romántica, emocional y, valga la redundancia, sexual, que sientes hacia otras personas sobre la base de su sexo.

La definición de la orientación sexual se establece sobre tres criterios. El primero es la atracción, es decir, el deseo. No es necesario consumar una relación sexual, afectiva o romántica con otra persona para que exista orientación sexual. Dicho de otra forma, a mí me gustaban los niños antes de darme un beso con ninguno.

Otro criterio es la conducta sexual, que es el hecho de establecer esos vínculos y relaciones con otras personas. Como cuando pasé a la acción de darle ese beso a un niño, en mi caso ya adolescente.

Por último, tenemos el criterio de la autoidentificación y, sí, esto es un criterio científico. Cuando seleccionamos muestras para estudios sobre conducta sexual estos son los tres criterios que se tienen en cuenta al entrevistar a las personas candidatas.

Los tipos de orientación sexual que se emplean en los estudios científicos son más restringidos que los encontrados socialmente.

Cuando investigamos en el campo de la biología o la neurociencia, hablamos de homosexualidad, bisexualidad, heterosexualidad y asexualidad. La primera, como sabes, es la orientación sexual hacia personas del mismo sexo, la bisexualidad es la orientación sexual hacia personas de ambos sexos, la heterosexualidad es la orientación sexual hacia personas del sexo opuesto y, por último, la asexualidad podría considerarse una falta de orientación sexual o directamente una variante más de orientación en la que esta no va dirigida a ningún sexo.

Por suerte existen varias revisiones científicas acerca del

DATO CURIOSO

ANAFRODISIA VERSUS ASEXUALIDAD

Es muy poco lo que se ha estudiado sobre la asexualidad y la anafrodisia, pero es importante no confundirlas. En la anafrodisia la persona experimenta un bajo deseo sexual, a pesar de que dicha persona tiene una orientación sexual definida como homosexual, bisexual o heterosexual.

Cuando se aborda desde un diagnóstico clínico, el *Manual de diagnóstico y estadístico de los trastornos mentales (DSM-5)* de la Asociación americana de psiquiatría nos dice que un impulso sexual ausente o disminuido solo será considerado trastorno o disfunción si causa un estrés para la persona, de lo contrario se trata de asexualidad.

En este caso, mientras que la anafrodisia está catalogada como trastorno, la asexualidad es una orientación sexual que no cursa con malestar alguno más allá de las presiones derivadas de incomprensión social, ya que como te decía hay mucho desconocimiento en los ámbitos científico y social sobre ella.

tema de la sexualidad que han comparado cientos de publicaciones anteriores y recopilado aquellos hallazgos que son consistentes en todas ellas.

Yo he hecho la revisión de la revisión, la metarrevisión. De manera que quiero contarte los puntos en común entre una revisión de 2018 y otra de 2021, ya que ambas estructuraron sus artículos en tres partes: la orientación sexual y el cerebro, la orientación sexual y las hormonas y, por último, la orientación sexual y los genes.

Lo primero que señalan ambas investigaciones al respecto de la orientación sexual es que es una de las características sexualmente más diferenciadoras. A la vasta mayoría de las mujeres les atraen los hombres, y viceversa.

Muchas investigaciones han establecido una división: aquellas personas que se sienten atraídas por las mujeres son consideradas ginecofílicas y aquellas que se sienten atraídas por los hombres son las androfílicas.

Una mujer heterosexual es androfílica, al igual que un hombre homosexual. Un hombre heterosexual es ginecofílico, del mismo modo que lo es una mujer homosexual. Entendemos, por lo tanto, que una persona bisexual es tanto androfílica como ginecofílica.

Estarás pensando que esto parece una perspectiva muy encorsetada. Rescatando el concepto de los espectros, en la orientación sexual tampoco se dan casillas estancas.

En la década de los años cincuenta, el biólogo Alfred Kinsey junto a algunos colegas se dedicó a investigar la orientación

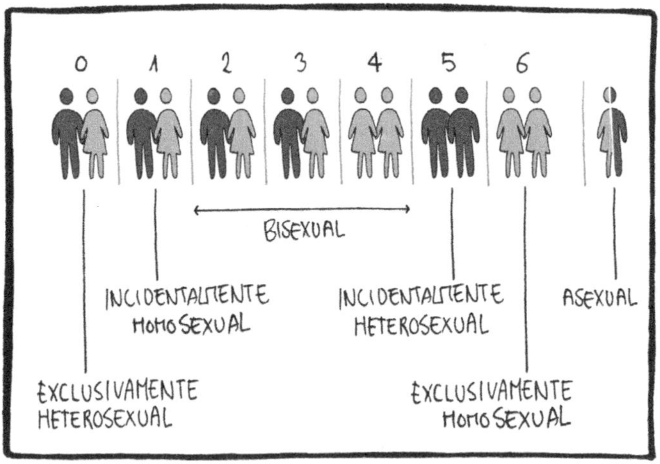

Figura 17. Escala de Kinsey

sexual en un estudio masivo. Entrevistó a más de veinte mil personas y esto dio lugar a varias publicaciones científicas en las que se analizaban esos resultados.

De este estudio salió la escala de Kinsey, en la que lejos de clasificar la orientación sexual en tres categorías (bisexual, heterosexual y homosexual), el autor habla de siete categorías (ocho incluyendo la asexualidad).

La orientación sexual es una cuestión de autodiagnóstico. En un contexto de libertad, la mayor parte de la población puede leerse y saber quién le atrae.

Parte de la población es estrictamente heterosexual y nunca ha mantenido una relación homosexual ni ha sentido atracción por otra persona del mismo sexo. Pero muchas personas se muestran más flexibles. Algunas, a pesar de no haber tenido relaciones con alguien del mismo sexo, sí identifican que podrían verse atraídas en algún momento o circunstancia.

Todo esto es lo que ha quedado reflejado en el informe Kinsey, un espectro de flexibilidad donde encontramos personas que puntúan como estrictamente homosexuales o heterosexuales y otras que se mueven en cinco grados de bisexualidad.

Encontré un estudio de 2017 que me gustó porque está enfocado a la orientación sexual de la mujer, cuestión que no es lo más frecuente. Se titula «Correlaciones neurales de la orientación sexual bisexual y homosexual en mujeres». Lo dejaré en la bibliografía por si quieres cotillear y ampliar información.

En este estudio la muestra es un poco escasa a mi parecer, pero coincide con muchas publicaciones en que las mujeres somos más flexibles en esa escala de Kinsey. Es más frecuente encontrar mujeres bisexuales que hombres.

Cuando se estudia cómo reacciona el cerebro a los estímulos eróticos, las mujeres tenemos respuestas más inespecíficas que los hombres. Con esto quiero decir que las mujeres, seamos bisexuales o heterosexuales, mostramos una activación en relación con respuestas eróticas más inespecífica. Existe activación ante estímulos de hombres y de mujeres.

No ocurre tanto con las lesbianas, parece que lo tienen bastante claro y la estimulación está más asociada a estímulos eróticos femeninos.

Pero la cosa cambia en el caso de los hombres: los homosexuales se activan significativamente más ante estímulos eróticos masculinos y los heterosexuales ante los femeninos.

Por supuesto, en las personas bisexuales, sean del sexo que sean, vamos a encontrar estimulación en ambos casos.

ORIENTACIÓN SEXUAL Y CEREBRO

Lo interesante en este punto es entender cómo funciona la orientación sexual en el cerebro.

Antes te decía que hay estudios que han descrito que la atracción por los hombres se denomina androfilia y por las mujeres ginecofilia. Esto ha llevado incluso a percibir diferencias en el cerebro que se reflejan en publicaciones que hablan de cerebros ginecofílicos y cerebros androfílicos.

Las diferencias que se establecen para afirmar que hay dimorfismos cerebrales en la orientación sexual se basan en estudios de los años noventa con muy poca muestra.

Yo te lo cuento igual, porque me veo obligada. Pero vamos, que yo cogería esta información con pinzas, a su vez cogidas con otras pinzas que estén cogidas por unas terceras pinzas con guantes en unos brazos biónicos a través de una cámara nuclear.

Se han encontrado diferencias en el tamaño del núcleo supraquiasmático, al que se le asocia un rol en la conducta sexual de los machos. Se dice que esta estructura es mayor en hombres homosexuales que en heterosexuales y hembras.

Por otro lado, la comisura anterior es más pequeña en hombres homosexuales que en heterosexuales y mujeres.

Para finalizar, presentan una diferencia en el tercer núcleo intersticial del hipotálamo anterior, más pequeño en hombres homosexuales comparado con el de heterosexuales y de un tamaño parecido al de las mujeres heterosexuales.

Sobre esta base encuentran estructuras similares en mujeres homosexuales y hombres heterosexuales, y viceversa. Pero en el estudio general del cerebro hay mucha más similitud entre cerebros del mismo sexo biológico que en función de la orientación sexual.

Por esta razón no le veo mucho sentido a hablar de cerebros ginecofílicos o androfílicos y despido este apartado para decir ya por última vez que hay que dejar a la neurociencia tranquila. Úsala para conocer, pero no para afirmar porque es una disciplina en desarrollo que poco puede afirmar con rotundidad. Así nos ahorraremos ver más *neurobasura* de la necesaria.

ORIENTACIÓN SEXUAL Y HORMONAS

En lo que a orientación sexual se refiere, las hormonas pueden cumplir un papel, pero es importante señalar una vez más que la orientación sexual y la conducta humana están condicionadas por factores biológicos, ambientales y sociales. Tu sexualidad no la determinan solo un par de genes. Pero son aspectos interesantes para conocer y estudiar.

Si hablamos de hormonas vinculadas a la orientación sexual, no solo las propias son las que van a influir, las hormonas de tu madre durante el embarazo también pueden condicionar tu orientación sexual.

Si eres homosexual y por lo que sea, por mala suerte y desgracia, tienes una madre homófoba dile que se calle, que tu orientación es culpa suya. No es verdad, ya que, insisto, son muchos los factores que dan lugar a la orientación sexual de una persona, pero si esta explicación le sirve para dejarte en paz, ¡adelante!

Chorradas aparte, la homofobia que se la haga mirar, a ver cuándo la incluyen en el *DSM-5*, pero volviendo al tema, lo que sí es cierto es que la interacción del ambiente hormonal que existe en el vientre de nuestras madres durante la gestación tiene un papel y puede condicionar la orientación sexual.

El líquido amniótico es un caldo de cultivo para bebés en el que hay muchas hormonas y sustancias disueltas. Según el estadio del desarrollo del feto podemos encontrar distintas hormonas involucradas en el crecimiento.

Unas de las hormonas que podemos encontrar en el líquido amniótico son los estrógenos y la testosterona. Como ya sabes, aunque encontramos las dos en ambos sexos, la primera es más abundante en mujeres y la segunda en varones.

Dependiendo del sexo cromosómico del bebé y de la expresión de ciertos alelos, el propio feto demandará al cuerpo de la madre más presencia de una hormona u otra ya que están involucradas en el desarrollo de sus genitales.

En el caso de que el embrión tenga cromosomas XX, lo más frecuente, estadísticamente hablando, es que encontremos una alta cantidad de estrógenos. Según el postulado del apartado anterior, que nos habla de cerebros ginecofílicos y androfílicos, estas teorías apuntan a que se estructuran sobre la base de la exposición hormonal prenatal.

Se trata de un sistema de organización-activación. Durante la gestación, la exposición hormonal estimula la formación de ciertas estructuras cerebrales vinculadas con la orientación sexual. Esto sería la etapa de organización.

Es fácil de recordar ya que es como si en estos meses de vida, durante la etapa prenatal y neonatal, se organizase nuestro cerebro. Como plantar un huerto en el que no hay absolutamente nada a la vista, pero las semillas están ahí bajo la tierra.

La organización de esas semillas es permanente y la etapa de activación llegaría con la lluvia y los nutrientes, que en el caso de los seres humanos, es la variación de los niveles hormonales en circulación.

Esto último sería lo que ocurre por ejemplo con la pubertad. Nuestro sistema reproductor está ahí sembrado por así decirlo y con la estimulación de producción de hormonas sexuales en la adolescencia aparecen los consecuentes cambios anatómicos.

La teoría de organización-activación nos explica pues que en el cerebro del bebé ya están establecidas las posibilidades de lo que va a ocurrir con esa cabeza y esa conducta, no solo en un plano de orientación sexual sino en muchos otros.

Existe muchísima evidencia con respecto a la importancia de los meses de gestación y el ambiente bioquímico que rodea al feto. La presencia de ciertas hormonas, drogas y otras sustancias que lleguen al bebé pueden condicionar el desarrollo de sus estructuras cerebrales.

Esto no es algo que nos sentencie para siempre, en algunas ocasiones hay semillas que si nunca son regadas no crecerán.

Imagina que las condiciones prenatales están asociadas al desarrollo de una adicción al alcohol en el futuro, pero si esa persona nunca prueba el alcohol o no lo hace de forma abusiva, es imposible que llegue a ser un adulto adicto.

Aquí ya me estoy dejando ir a otras cuestiones que se alejan de la orientación sexual. Pero simplemente quiero aprovechar para hacer hincapié en la relevancia de proporcionar a los fetos el mejor ambiente hormonal y bioquímico posible.

Volviendo a la orientación sexual, podría decirse que se gesta mientras nos gestamos nosotros también, aunque no se active hasta una edad más avanzada.

Para estudiar la influencia de las hormonas en la orientación sexual se han llevado a cabo estudios del líquido amniótico y se han asociado altas exposiciones a estrógenos con atracción hacia los hombres y altas exposiciones a testosterona con atracción hacia las mujeres.

.Una cuestión que se ha estudiado mucho es el caso de madres con hiperplasia suprarrenal congénita. Las glándulas suprarrenales son unas glándulas de producción de hormonas. Son muy pequeñas y se sitúan encima de los riñones.

Las mujeres que padecen esto tienen anomalías en la producción de hormonas esteroideas como el cortisol, que regula la respuesta al estrés, la aldosterona, que regula los niveles de potasio y sodio y también la testosterona y otras hormonas andróginas.

Cuando estas mujeres se quedan embarazadas, el feto está expuesto a unas cantidades anormales de hormonas andróginas. Esto se ha asociado a un comportamiento más masculino (sea lo que sea esto) y a la homosexualidad. Como ves estoy siendo un poco crítica con esto, pero realmente es indudable que en nuestra sociedad podemos detectar conductas masculinas y femeninas.

No sabemos a ciencia cierta si pesa más el factor cultural o biológico. A mí me gustaría decirte que pesa más el cultural y que en nuestras manos está cambiar algunas cuestiones. Lo que sí sabemos es que la influencia de ambos factores en la conducta existe.

Hay más estudios al respecto de cómo las hormonas afectan a esa fase de organización, pero la esencia en todos viene a ser la misma: el desarrollo de las estructuras cerebrales vinculadas a la orientación sexual se estimula en función de la exposición del feto a más testosterona o estrógeno.

El intríngulis de todo esto de la teoría de organización-activación es que no llegamos a entender cómo funciona realmente. Existen esas asociaciones de una estructura de tal forma, otra de tal otra, mayor o menor exposición a testosterona, pero aún no sabemos explicar realmente lo que pasa en un individuo.

Todo apunta a que, una vez más, la clave de la cuestión está en la variabilidad entre individuos. En que en cada uno se darán una suma de factores congénitos y ambientales que derivan en un resultado final. Al fin y al cabo, esto no contradice la teoría de organización-activación, en ella hay una organización que brinda una serie de resultados posibles. Algunos serán determinantes y otros dependerán de la fase de activación para ver el resultado final.

La investigación está en ese punto. Una vez más, estudios insuficientes, métodos cuestionables y rebatidos. Investigadoras e investigadores replicando los estudios para contrastar.

Debido a que los estudios de orientación y atracción sexual en menores tienen implícitas unas cuestiones éticas importantes, las investigaciones que se han hecho al respecto son de carácter retrospectivo, con testimonios de adultos que hacen referencia a cuando empezaron a sentir atracción sexual por otras personas. La media está en torno a los diez años.

ORIENTACIÓN SEXUAL Y GENES

Hasta aquí ya hemos visto distintas pruebas de evidencia científica detrás de la homosexualidad. Todo esto viene a ser algo así como la explicación del himno «*I was born this way*» que, si no pilotas de inglés, dice que «he nacido así».

El hecho de que encontremos cimientos en nuestras estructuras cerebrales y hormonales que explican la conducta homosexual no es un pretexto para ganar derechos. Me canso de repetir que los derechos son cuestiones de ética y filosofía, no de laboratorio. Pero el asunto es que sí explica por qué no funcionan las terapias de reconversión y nos proporciona un aval para prohibirlas, ya que también hay evidencia de que tienen perjuicios para la salud.

Ya hemos revisado un poco qué teorías hay sobre la orientación sexual en el cerebro y cómo esta está influenciada por las hormonas, pero nada de esto ocurre si no está en nuestro genotipo.

Para que unas hormonas puedan estimular el desarrollo cerebral en un sentido u otro, tiene que haber una región del ADN con esa información. No vas a tener ojos verdes si en tus alelos no está la información genética para ellos del mismo modo que, volviendo a la estantería LIVSTID, no puedes montar baldas con piezas que no trae el paquete.

Sabemos que la orientación sexual tiene una base genética, un genotipo que en interacción con el ambiente hormonal de la gestación da lugar a ese fenotipo.

Los investigadores se pusieron las pilas con este tema ya hace décadas y, además de investigar la conducta —como Kinsey con su escala—, otros decidieron abordar la cuestión desde la genética para analizar el ADN.

Para el estudio del ADN, los gemelos idénticos son una muestra excelente. Nos permite saber con más claridad qué cuestiones son efectos del ambiente y cuáles estrictamente genéticas.

En el caso del estudio de la homosexualidad se han hecho miles de investigaciones tanto en gemelos idénticos como en mellizos, mellizos de distintos sexo, hermanos y población general sin relación de parentesco.

Cuando buscas en Google algo así como «gen de la homosexualidad», es probable que te topes con el Xq28.

Eso no es un gen ni un alelo. Es un marcador genético que se encuentra en la parte superior del cromosoma X.

DATO CURIOSO

GEMELOS IDÉNTICOS Y MELLIZOS

Cuando tiene lugar un parto múltiple pueden darse distintas situaciones. Además de que pueden ser partos de dos, tres, cuatro y hasta diez bebés, como ha sido el caso de una mujer en Sudáfrica, el origen de los bebés puede ser distinto.

En la fecundación, cuando el espermatozoide entra en el óvulo y fusionan sus materiales genéticos, tiene lugar la duplicación celular que forma el embrión. En algunos casos, esa duplicación da lugar a dos embriones distintos con un mismo material genético. En este caso, esos bebés serán gemelos idénticos.

La otra opción es que se fecunden dos óvulos distintos con dos espermatozoides distintos. En ese caso hablamos de mellizos.

La diferencia fundamental entre los gemelos idénticos y los mellizos es que los primeros comparten exactamente el mismo material genético, todos los alelos son los mismos porque salen de una misma célula original. Sin embargo, los mellizos son como hermanos que nacen a la vez. No tienen más material genético en común dos mellizos que dos hermanos que se llevan cinco años de diferencia. Simplemente tienen la misma edad y están expuestos a un mismo ambiente gestacional y exterior, lo que hace que pueda haber más parecidos.

Algunas investigaciones encontraron relación entre este marcador y la homosexualidad, pero una vez más la muestra era insuficiente y los estudios que replicaron los experimentos no pudieron confirmarlo. Los propios investigadores del estudio inicial lo replicaron y, efectivamente, no había relación significativa entre la presencia de este marcador y la homosexualidad. Lo cual quiere decir que tener ese marcador genético no garantiza que el individuo sea homosexual.

Esto fue un chasco, porque el hecho de que se heredase a través del gen X venía superbién para una teoría evolutiva que te contaré más adelante. Pero no pasa nada, la ciencia es así.

Sin embargo, sí se encontró más adelante relación entre alelos de los cromosomas 7, 8 y 10 y la homosexualidad.

La movida con la orientación sexual enfocada a individuos del mismo sexo es que siempre ha supuesto una paradoja evolutiva.

A lo largo de este libro creo que te he repetido ya demasiadas veces que a nuestro ADN le damos igual, que solo somos una casita para él. Su objetivo es reproducirse y pasar a la descendencia y bastante le fastidia ya tener que pasar solo el 50 % de lo que es en la reproducción sexual.

¿Cómo se explica entonces que exista una conducta que no nos lleve a la reproducción?

Si la homosexualidad está en el ADN, esto quiere decir que se hereda y que va pasando de generación en generación. Por lo tanto, ha de tener un sentido evolutivo.

Para esto hay dos teorías que pueden explicar por qué se han conservado los alelos que tienen relación con la homosexualidad a lo largo de la evolución, aunque antes de seguir quiero aclarar que solo son teorías que explican la homosexualidad en machos.

Por un lado está la teoría que bautizaron como «*kin selection*», algo así como selección de parentesco. Esta habla sobre el grupo y cómo la presencia de machos homosexuales puede ayudar al éxito de otros familiares. Al no competir por las hembras se reducen los conflictos y pueden ayudar incluso a sus hermanos a conseguir hembras, como aquellos pavos que ayudaban a sus hermanos a pelearse con otros.

De esta forma conseguirían que el hermano heterosexual se reproduzca más y tenga más éxito la descendencia que compitiendo entre ellos por hembras y recursos.

El problema de esta teoría que aparentemente suena muy lógica es que no se sostiene cuando la bajas al estudio de las poblaciones actuales ni existe evidencia en poblaciones anteriores, como sí la tenemos en los pavos.

La otra posible explicación evolutiva que pretende resolver esta paradoja es la «*sexual antagonistic gen hypothesis*», la hipótesis del gen sexual antagonista.

A mí esta me parece un poco más interesante.

Como se han encontrado alelos vinculados a la homosexualidad en los cromosomas 7, 8 y 10, así como el indicio de un posible vínculo del marcador Xq28 (todavía sin demostrar), esto quiere decir que son alelos compartidos con la familia. Con uno de los progenitores y con los hermanos y hermanas.

Según la hipótesis del gen sexual, las hermanas de hombres homosexuales tienden a ser más fértiles y a reproducirse más. Parece ser que los genes vinculados a la homosexualidad estarían relacionados con caracteres de más fertilidad en las hembras. De esta forma, en esa familia, aunque no se reproduzcan los machos, las hembras son más prolíficas y se compensa evolutivamente.

Este estudio tiene más evidencia porque se ha replicado muchas veces y se pueden encontrar relaciones significativas entre la cantidad de hijos que tienen las hermanas de hombres homosexuales y las que no. El problema de estos estudios es que tienen una gran limitación cultural, ya que hoy en día existen muchas presiones sobre la maternidad: desde países que la tienen regulada y limitada hasta condiciones que bajan las tasas de natalidad por otros motivos.

Lo que te decía antes de lo conveniente de la teoría del marcador genético Xq28 es que está en el cromosoma X y eso a esta teoría le cuadraba muy bien.

Además de los alelos de los cromosomas 7, 8 y 10, se encuentran genes en el cromosoma X que operan especialmente bien en esta teoría de las hermanas más fértiles cuando su hermano es homosexual.

Sé que todo parece una telenovela donde un indicio lleva a otro, pero es que se ha visto que la homosexualidad es más habitual por parte de madre, es decir, es más probable que tengas un pariente homosexual por parte de madre que de padre. Esto puede llevarnos a que tiene que haber un vínculo con el cromosoma X, que es el que los hombres heredan por parte de madre como ya sabes.

En este caso, el cromosoma X vincula alelos relacionados con la homosexualidad a alelos con caracteres que resultan en más fertilidad para las hembras. Por lo tanto, estas tienen el doble de posibilidades de tenerlos ya que tienen dos cromosomas X. Y ahí tenemos evidencia científica que encuentra en la línea ascendente materna de un hombre homosexual a mujeres más fértiles.

En resumen, esta teoría explica cómo a lo largo de la evolución se han vinculado genes de más fertilidad en hembras con homosexualidad en machos. Evidentemente, esto ha resultado mucho más beneficioso para la línea familiar ya que tener hembras muy prolíficas compensa tanto a las hembras como a los hermanos que tendrán el ADN que comparten con sus hermanas en esa descendencia.

La cantidad de estudios en relación con las bases genéticas es muy abundante y, aunque no hay una teoría unificada, la ausencia de la misma es el mayor indicador de la multifactorialidad del asunto. No hay un único alelo —que tienes o no tienes— responsable de la homosexualidad.

Podríamos decir que todo empieza con la presencia de alelos relacionados con la homosexualidad en uno o varios genes, pero esto solo explica una parte.

Para terminar estas pinceladas a los orígenes de la homosexualidad, quiero explicar la teoría del orden de nacimiento que está vinculada al sistema inmune de la madre.

Esta, una vez más, es una teoría que explica la base biológica de la homosexualidad en machos, no en hembras. No es que no se investigue el origen de la homosexualidad en mujeres, pero no se encuentran tantas marcas genéticas como en los varones.

La teoría del orden de nacimiento es una de las más consistentes en evidencia científica y por eso quiero terminar este capítulo hablando de ella.

Se ha detectado de forma significativa que en familias de varios hermanos varones es más frecuente que uno de los menores sea homosexual. Esto no se da tanto en mujeres lesbianas o personas heterosexuales.

Cuantos más hermanos varones hay, más aumentan las probabilidades de que uno de los menores sea homosexual.

Una investigación arrojó resultados de que un hombre sin hermanos mayores tiene un 2% de probabilidades de ser homosexual, con un hermano mayor tiene un 2,6%, con dos un 3,6%, con tres un 4,6% y con cuatro un 6%.

Aunque no son porcentajes altos, en comparación con las probabilidades en relación con el porcentaje de hombres homosexuales en la población mundial, sí representan un aumento de probabilidades muy significativo y por eso se empezó a investigar cuáles eran los mecanismos biológicos que había detrás de esto. Porque, además, no era cuestión de hermanos con los que convives, sino de hermanos biológicos de una misma madre.

Da igual que el hombre solo viva con un hermano varón o con ninguno, si tuvo hermanos mayores biológicos por parte de la madre, sus probabilidades aumentan con respecto al resto de la población.

La cuestión es que cuando una madre cuyos cromosomas sexuales son XX tiene hijos varones expone su cuerpo a un cromosoma nuevo, el Y, que el sistema inmune detecta como extraño. Esto es porque el feto de un varón porta unas proteínas específicas de macho en su cromosoma Y que se llaman H-Y antígenos. Se cree que están vinculados a la heterosexualidad masculina siempre y cuando la exposición a unos niveles determinados de testosterona en el embarazo acompañe el proceso.

Ante estos antígenos, el sistema inmune de la madre produce anticuerpos que se unen al antígeno H-Y impidiendo su funcionamiento.

No te preocupes porque tengo en mente que esto de los antígenos no lo habíamos hablado y puede que no tengas ni pajolera idea de cómo funciona nuestro sistema inmune.

Todo lo que entra en nuestro cuerpo es chequeado por unas células específicas que tratan de reconocerlo, como en un escáner de aeropuerto. Cada vez que detectan algo nuevo y lo reconocen como potencialmente dañino, como ocurre con los antígenos, se generan anticuerpos para esos antígenos, que funcionan como pegatinas identificativas.

La primera vez que algo potencialmente peligroso entra en contacto con nuestro cuerpo, como el veneno de una avispa, el sistema inmune lo archiva y le hace sus anticuerpos. En un lenguaje más coloquial podríamos decir que diseña unas defensas específicas.

La segunda vez que nos pica una avispa y el veneno entra en contacto con nuestro cuerpo el sistema inmune ya está preparado, la primera es para aprender. En este segundo contacto ya reacciona tratando de protegernos porque ya tiene las armas para ello y, encima, aprovecha para hacer más.

Esto es lo que pasa con las vacunas también, de ahí que nos pongamos más dosis, para reforzar la memoria del sistema inmune y que esté cargadito de anticuerpos para la batalla.

Con toda esta explicación podemos retomar lo de los fetos de varones. Con el primer hijo varón, la madre ya desarrolla anticuerpos para el antígeno H-Y.

Con el segundo hijo varón, el sistema inmune ya tiene eso archivado y hay más cantidad de anticuerpos que tratan de inhibir la acción del antígeno H-Y que, como te decía, está relacionado con la heterosexualidad en varones.

Cuantos más hijos varones tiene una mujer, más cantidad de anticuerpos —que pueden interferir en la función de ese antígeno— genera y por eso puede influir en la orientación sexual de uno de los hijos menores.

Poniendo en contexto todo esto, es necesario subrayar que son porcentajes bajos. No le vayas a rayar la cabeza a tu primo pequeño que tiene tres hermanos mayores a ver si es gay. Las probabilidades de que lo sea son de un 4,6%.

Con toda esta información ya podemos ir dando por finiquitado este capítulo. Yo estoy muy lejos de ser una experta en la materia y por eso no quiero profundizar mucho más. Es necesario dejar espacio para que expliquen estas cuestiones con detalle las personas que lo investigan así que, por si quieres profundizar más en toda esta materia, te dejo al final todas las referencias de artículos y libros para que puedas chequear.

El mensaje de este capítulo o al menos la lectura que yo extraigo de él es que, aunque falta evidencia y consenso, tenemos suficiente información para afirmar que la orientación sexual está determinada desde el punto de vista biológico.

No hay un alelo que te toque en un cromosoma y ya seas homosexual, bisexual o asexual. Se trata de un cúmulo de factores tanto genéticos como hormonales y ambientales.

Siento también no haber aportado más información sobre las

teorías genéticas de la homosexualidad en mujeres. La evidencia genética se ha encontrado más en varones y, además de la teoría de la organización-activación donde los niveles de exposición a testosterona durante el embarazo pueden estar involucrados, no hay mucha evidencia contundente que nos explique la orientación sexual de las mujeres en el ámbito genético.

¿Puede que sea falta de investigación?

Sí. Pero se han hecho los mismos ensayos en ambos sexos.

Quizás en el pasado los estudios estaban diseñados para estudiar la homosexualidad en hombres y simplemente trataban de extrapolarse a mujeres. No lo sé. Yo ya he visto un par de publicaciones de estudio exclusivamente de homosexualidad en mujeres, así que vamos a dar margen de que se repliquen los estudios y exista más contundencia y ya te contaré qué averiguo.

Imagínate que te gusta el libro y me animo a hacer una segunda parte.

Habrá que dejar algo para entonces, ¿no?

Por el momento me limitaré a acabar este capítulo con una burrada que se me ha ocurrido. Ahí voy: te juro que parece que de base todos los fetos son mujeres bisexuales y según un cúmulo de factores se van dando las diferentes variantes.

¿Que tiene un cromosoma Y con gen SRY que se activa? Pues venga, toma un pene y otras características sexuales masculinas. Si a este le añades un antígeno H-Y y bien de testosterona en el ambiente gestacional, *heterazo* al canto. Y todo así.

Pero ya paro con la broma porque esto es una fantasía que me está quedando muy coja. Se nota que ya estoy entrando en el *mood* informal del último capítulo...

10 ADIÓS A LAS FALACIAS NATURALISTAS

No es la primera vez que doy una opinión que nadie me ha pedido y este capítulo consiste básicamente en eso.

A lo largo del libro he ido abordando temas sensibles y, a pesar de haber hecho las aclaraciones pertinentes, siento que me quedo más a gusto dejando a un lado la evidencia científica y pasando a poner en contexto, mi contexto, toda esta información.

Desde luego, no son buenos tiempos para la opinión.

Entiendo que los ha habido peores pero, en la era de la supuesta libertad de expresión, las mentes colmena nos tienen prisioneros. A mí la primera, hasta el punto de que a veces veo que me cuesta saber cuál es mi propia postura, lo que me ha llevado a darme cuenta de que no pasa nada por no tener una opinión contundente. Esto es importante, sobre todo en temas en los que no siempre está claro que exista una verdad absoluta, que vienen a ser casi todos.

Con esto de las mentes colmena nos ponemos un traje.

Si votamos a un partido, ya nos ponemos su programa electoral entero como indumentaria y se supone que estamos de acuerdo con todas y cada una de las medidas que propone. Eliminamos el pensamiento crítico de la ecuación y así resulta sencillo comprar el pack completo. No tenemos que estudiar, leer o reflexionar para llegar a nuestras propias conclusiones sobre cada tema en particular.

Además, cuando vemos a alguien con el mismo uniforme ya asumimos que es como nosotros y generamos cierta empatía. La sensación de pertenencia a un grupo es inmediata y muy gratificante.

Por supuesto, si alguien critica una prenda de nuestro traje, esto supone que está en contra de todo el traje y es nuestro enemigo. Es del «otro grupo».

En psicología se suele hablar de endogrupo para referirse a los nuestros, y de exogrupo, para referirse a los otros.

Si escuchamos a una persona crítica con el feminismo, es machista; si defiende la redistribución de la riqueza, es comunista; si cuestiona las políticas de inmigración, es racista; si cuestiona la propuesta de ley trans, es tránsfoba.

Se nos llena la boca llamando a cualquiera fascista o nazi, como si no supiésemos lo que significa. Como cuando en los noventa insultábamos a niños llamándolos etarras o talibanes.

Es verdad que convivimos con personas con un sistema de valores antidemocrático, totalitario, censor, ultranacionalista y militarista, en definitiva, fascistas de verdad. Pero al verdadero nazi esto no le parece un insulto.

Que un hombre liberal sea crítico con el feminismo no lo convierte en fascista. Es posible que se trate de un *onvre* cuya aproximación a la materia consista en memes sobre feminazis, pero también puede tratarse de un tío que ha leído a muchas feministas, que cree en la igualdad de derechos humanos y, aun así, por su sistema de valores, creencias y bagaje cultural considera que las teorías feministas no son la manera de llegar a una situación justa para todos.

Francamente creo que muy pocas personas quieren el mal para los demás. Por lo menos no de forma abierta y consciente.

Antes de nada, quiero eliminar de mi discurso al 1% de la población formado por millonarios y altos cargos de empresas públicas y privadas. Creo que, habiendo o no intención maliciosa, son perfectamente conscientes de lo que sus prácticas de empleo abusivas, fraudes y corruptelas suponen para el resto de la sociedad.

Son la base de su obscena fortuna y, ni cortos ni perezosos, la utilizan para presionar al sistema y asegurarse no solo de mantener la saca llena, sino de comprar nuevas sacas para llenar.

Cualquier otro razonamiento sería extremadamente naíf hasta para mí.

¿Por qué elimino a los adinerados de la ecuación?

Porque ellos no se pelean.

Ellos no son tu tío Paco en la mesa diciendo que ahora ya no se pueden gastar bromas sobre nada. No son tus amigos en el bar debatiendo sobre la brecha salarial, ni las compañeras del trabajo discutiendo sobre los vientres de alquiler.

Con esto parece que me está hirviendo la conciencia de clase.

Un poco sí.

Independientemente de eso, a lo que voy es a lo siguiente: tu tío Paco no diseña sistemas de hipotecas basura que derivan en una crisis económica global dejando a familias sin techo, tus colegas no dirigen empresas de reparto en las que los empleados tienen que orinar en botellas y tus compañeras del curro no provocaron vertidos de PFOAS que contaminaron las aguas de ciudades enteras.

Dejando a un lado a los verdaderos fascistas, machistas, racistas, xenófobos y *lgtbifóbicos*, nos quedamos con una población de currantes con un acceso cuestionable a información veraz o falta de tiempo y aliento para acudir a ella.

Considero que cada uno, con lo que sabe y conoce, trata de buscar una sociedad que, desde su óptica, es la mejor para todos.

Ese criterio puede estar lleno de distorsiones, ignorancia y prejuicios, pero no de maldad.

Mi criterio está lleno de distorsiones, ignorancia y prejuicios y te puedo garantizar que cuando argumento a favor de algo lo hago pensando de corazón que es lo mejor para todos. Por lo tanto, asumo lo mismo de los demás.

Añado también que no pretendo decir que aquel que no está de acuerdo conmigo es ignorante. Sí considero que es muy común ver a gente hablando sin saber sobre temas muy complejos.

El problema es que a veces, sobre todo desde la izquierda, pecamos un poco de impulsar un discurso hegemónico que tacha cualquier opinión disidente de retrógrada e ignorante.

A mí misma me han recomendado ver vídeos o leer libros que ya había leído con el pretexto de que me harían cambiar de opinión. Es como si no nos cupiese en la cabeza que alguien que sabe lo que sabemos nosotros no opine exactamente igual. Como si el mundo tuviese una única lectura posible.

Con esta premisa los debates resultan más sencillos, menos agresivos y creo que más prometedores. Dando por hecho que cuando dos personas se sientan a hablar sobre un tema ambas lo hacen pensando que presentan los mejores argumentos, resulta más sencillo llegar a acuerdos.

Esto no quita que las emociones no desempeñen un papel importante o nos podamos ver influenciados por ellas.

Hay que saber seleccionar los momentos para debatir y reconocer cuándo una sensibilidad particular, por cuestiones de identidad o lo que sea, nos está nublando la perspectiva.

Yo soy la primera que puedo ser muy vehemente cuando creo que se está siendo injusto o poniendo en peligro derechos de alguien con un argumento.

Te digo más, me levanto de la mesa y me voy si hace falta.

Pero desde la calma hay que recordar que en esa mesa posiblemente están nuestros amigos y familia y, siempre y cuando sean personas que hablan desde el respeto, es legítimo que tengan opiniones distintas.

Si ambas partes saben seleccionar el momento y el lugar, esas conversaciones pueden ser de lo más estimulante. Debates dignos de *prime time*.

El problema es que este tipo de conversaciones no tienen visibilidad. Las televisiones, el Congreso y las redes sociales solo muestran extrema polarización. El ambiente de crispación es constante.

La censura, los insultos y los títulos de fascismo vuelan de un lado a otro de forma constante y esto se traslada a las sobremesas del país.

Los algoritmos de las redes sociales tampoco ayudan.

Lo veo mucho en mis recomendaciones de YouTube. Si un día me pongo a ver vídeos de historia sobre Marx, al día siguiente me recomienda vídeos de cómo una mujer progresista dejó en evidencia en el Parlamento a un conservador.

Cuando me pongo a ver debates entre *youtubers* de carácter más liberal sobre feminismo, al día siguiente me encuentro el mismo vídeo diciendo que fue el señor conservador el que dejó en evidencia a la mujer progresista en el Parlamento.

Esto se traduce en redes sociales que solo te muestran lo que quieres ver, aquello que está de acuerdo con tu sistema de valores. No se hace con la intención de polarizar a la sociedad, sino de ganar más dinero con tu tiempo de visualización.

Es más común que una persona siga viendo contenido acorde a su sistema de valores que uno que lo ataque y le haga cuestionarse las cosas. Esto mentalmente supone un estresor, mientras que confirmar lo que ya sabemos es una recompensa.

Me parece lícito. Las redes sociales son empresas que pueden diseñar sus algoritmos como quieran. No es un secreto que están ahí para ganar dinero.

A mí no me molesta que las redes me sugieran vídeos o perfiles que seguir. Son algoritmos, inteligencias artificiales que sí nos ven con uniformes y tratan de asumir lo que nos va a gustar.

Lo que sí me molesta es ver a personas que funcionan como inteligencias artificiales, personas que, lejos de sugerir, dictan a quién debes o no seguir en función de lo que asumen sobre ti.

Esto me ha pasado. He recibido mensajes diciéndome que sigo a x persona (que opina x cosa sobre x tema) y que no debería seguirla.

Ha llegado la situación al punto incluso de decirme que si no dejo de seguirla me van a dejar de seguir a mí.

Todo esto me parece totalmente distópico. Yo no sigo a cuentas de personas agresivas, violentas ni faltonas. Las cuentas que sigo son aquellas que me aportan información que considero de calidad y contrastada y que me presentan un panorama completo sobre la situación actual.

Me encanta ver un mismo tema desde distintas ópticas porque, de lo contrario, solo tengo la mía. Soy perfectamente consciente de que les estoy dando apoyo y seguidores, pero si están haciendo un buen trabajo a la hora de recopilar información y compartirla de forma respetuosa, no veo por qué no he de recompensar eso con mi *follow*.

La principal interesada en seguir y escuchar a personas con las que no comparto opinión soy yo. En muchas ocasiones ni siquiera tengo una opinión.

A veces me fascina ver a personas con ideas tan claras en temas muy complejos. Hay cuestiones como la legalización de las drogas, la prostitución, la gestión de recursos públicos, el género, la distribución de la riqueza, la religión, etc., que para muchas personas suponen un blanco o negro clarísimo.

Apelando de nuevo al concepto Dummy-Kruger, considero

que yo no tengo formación suficiente en filosofía, sociología, historia y economía como para ser quien dicte cuál es la solución y cómo ha de ejecutarse.

Respeto mucho a la gente que dedica muchas horas de su vida a leer sobre esos temas y que los comparte en redes.

Me da igual cuál sea su conclusión, si está argumentando sobre la base de algo que ha estudiado, me interesa.

Lo que me fascina es ver cómo personas que están en el mismo punto de la curva de Dunning-Kruger que yo, sí se ponen el traje blanco o el negro.

Siendo fieles a la curva, no debería decir que estamos en el mismo punto ya que esa arrogancia es más propia de los contactos iniciales con la materia.

CULTURA DE LA CANCELACIÓN

Pobre del que brinde una opinión controvertida al público.

¡Cancelado!

No me gusta este neologismo, pero la cultura de la cancelación está ahí y despierta a las masas a golpe de tuit.

Detrás del teclado todos somos muy valientes, pero cancelar a alguien no consiste solo en insultar, muchas veces implica dejar de consumir lo que esa persona produce.

Esto parece molestar a muchos, como si hubiese un derecho al éxito, a que las cosas le vayan bien a uno en el trabajo independientemente de su vida personal. En este caso hablo de personas con vida pública, pero ciertamente una conducta moralmente reprochable puede dejar a cualquiera sin trabajo y arruinarle la vida.

No como a muchos con poder real cuyas represalias duran lo mismo que el *boom* mediático. Con que estén un tiempo calladitos a la sombra a la gente se le olvida el asunto y todos tan amigos.

Ahora, los verdugos toman el papel de víctimas sin reparos, y viceversa. Los linchamientos públicos por parte de las masas ofendidas, los comúnmente conocidos como *ofendiditos*, están a la orden del día y no se duda a la hora de tomar el papel de agresor con insultos y planes de escarnio público.

Retomando lo del derecho al éxito, la gente es totalmente libre de consumir y dejar de consumir los productos del mercado. No hace falta una justificación para ello.

Si una persona que trabaja en redes y tiene millones de seguidores no pidió una certificación para comprobar que está alineado en valores con sus *followers* o clientes de sus posibles negocios, no debería escandalizarse cuando pierde parte de ese imperio si no están alineados con él. No era parte del trato.

Entiendo que hay personajes públicos que no se mojan en cuestiones polémicas. Está bien no hacerlo, pero deben ser conscientes de que su proyecto, su imagen y su carrera se desarrollan eliminando esa parte.

Es un proceso de autodeshumanización e, insisto, me parece bien. La vida personal y la opinión no son propiedad pública si no se desea y se sabe mantener al margen.

Este tipo de perfiles generan una burbuja aséptica de perfección. Las masas los coronan como ídolos y se genera cierto fanatismo.

Los Reyes Magos no existen y las figuras públicas perfectas tampoco. Cuando te quitas la careta o se te cae en público y dejas ver cuestiones morales, opiniones o incluso delitos que han permanecido ocultos, no debería ser una sorpresa que va a tener consecuencias.

Por otro lado, es indudable que hay un cambio de paradigma. Discursos que antes pasaban desapercibidos sin cuestionarse, hoy empiezan a chirriar un poco y no son popularmente aceptados.

Voy a dejar a un lado a figuras públicas que puedan estar involucradas en procesos judiciales acusadas de haber cometido un delito.

Estaría bien contrastar los hechos y esperar a tener un veredicto antes de linchar, pero las sociedades no son perfectas y no estamos en un momento precisamente reflexivo. Las redes se incendian en cuestión de segundos y, si de verdad alguien ha sido acusado de forma injusta, le deseo la mejor de las suertes en su proceso de redención. Ojalá la sociedad sea capaz de verlo.

Prefiero hablar de los procesos de cancelación sujetos a lo políticamente incorrecto, opiniones controvertidas o lo entendido como discursos de odio.

Esto último, si de verdad es un discurso de odio e incitación a la violencia, debería tener unas consecuencias legales que, bajo demanda, sean atendidas por la justicia. Me gustaría tener capacidad de análisis para determinar si la justicia en nuestro país y en muchos otros es o no justa. Como no es el caso, cedo el testigo en ese tema a quien le corresponda.

El arte en todas sus formas está siendo víctima de lo que la sociedad determina como correcto. No me parece mal. Si disfrutamos de películas, series, libros, música y humor hechos desde una perspectiva que hoy en día puede resultar racista, machista, homófoba o que está ofendiendo a cualquier otra cuestión contraria a los valores de los consumidores, es coherente que se deje de consumir.

No me produce ningún tipo de empatía que Manolo se queje de que ya no puede hacer chistes machistas. Y me preocupa que diga que no puede o que lo sienta así.

En mi opinión puede.

Lo que no debe hacer es esperar que siga haciendo gracia a todo el mundo o que alguien le dé réplica. Lo siento, chico, si la sociedad evoluciona popularizando unos valores más inclusivos, es coherente que no exista cabida para que sigas comercializando tu humor como antes.

Yo lo veo así, que nadie cuente conmigo para ir a cerrarle la boca, simplemente no voy a comprar entradas para su mierda y listo.

Me gusta ver pluralidad en el arte. Estaba un poco cansada de ver representada a la sociedad siempre desde la misma óptica: la del hombre blanco heterosexual.

Nunca me he sentido muy identificada con el prototipo de mujer que se despierta en casa del tío con el que se ha acostado, se pone su camisa y sus calzoncillos y se va a la cocina a prepararle el desayuno. Lo hace con un moño estudiadamente deshecho a la vez que baila sensualmente en la cocina recibiendo a su chico con unas tortitas y abierta a la posibilidad de un nuevo coito ahí mismo en una encimera llena de restos de comida. Como si eso no fuese a darle una cistitis a la pobre.

En esa situación soy como un niño cuando duerme en casa ajena. Si me despierto antes que mi acompañante, como techo hasta que esa persona se despierta y toma la iniciativa con respecto a qué se desayuna y cuándo.

Si me pongo ropa usada, será la mía. Confío más en mis bragas y en mi propia higiene que en la de mis acompañantes.

No tiene nada de romántico hurgar en los calzoncillos de alguien. El terror de encontrarme ahí un fósil que indique escasez de higiene posdefecatoria siempre me ha alejado de esa conducta.

Por todo esto agradezco que ocupen lugar en lo *mainstream* otros perfiles: mujeres, personas racializadas, personas del colectivo LGTBIQ+, personas con diversidad funcional o, en definitiva, otras perspectivas.

Si como creador de contenido, no solo no te revisas, sino que insistes en seguir produciendo lo mismo, no voy a ser yo quien te diga que no lo hagas, pero no me llores si no vendes lo mismo y mucho menos niegues la realidad de que otros talentos te toman la delantera intentando hacerlos de menos o diciendo que son contenido de nicho.

La estadística nos muestra que en el mundo hay menos hombres blancos heterosexuales que mujeres, personas racializadas, personas del colectivo LGTBIQ+ y personas con diversidad funcional juntas. Por lo tanto, si vas a seguir haciendo contenido sin adaptarlo a la pluralidad del público, repito, no llores, porque el nicho ahora eres tú.

Insisto con el tema que más me preocupa, la libertad de expresión.

Me saltan las alarmas cuando la respuesta a mis quejas sobre una broma que hiere mi sensibilidad o mi sistema de valores se interpretan como una prohibición. Ni siquiera yo le doy tanto valor a mis propios sentimientos.

Muchas veces pienso que esa queja desmedida es parte de la pataleta de perder impunidad para soltar bromas o comentarios inapropiados (a ojos de muchos) sin que nadie rechiste. Puede que sea la pataleta de estar perdiendo facturación con el contenido de antes, teniendo que hacer hueco para más voces.

Por otro lado, se cansa una de ver sentencias que condenan la publicación o expresión artística de ciertas cuestiones. Raperos, políticos o tuiteros van a la cárcel por ofender los principios de unos pocos o unos muchos. En ocasiones también los míos. Pero aun así creo que se nos va de las manos el asunto cuando tratamos de crear una especie de moral generalizada y me resulta peligroso proveer al estado de mecanismos para condenar lo que no encaja con la moral del momento.

No olvidemos que el bien y el mal lo dictan las sociedades. Las leyes, las religiones y las normas son mitos que crea la especie humana con el fin de regular la convivencia porque esta supone un bien común.

Pero el caos también rige las sociedades y aunque nos sintamos cómodos con las normas actuales, no deben ser blindadas condenando cualquier pensamiento o expresión del mismo que las contradiga.

Esto no consigue eliminar estos pensamientos, solo los relega a la clandestinidad donde no pueden ser debatidos. A la vez, victimiza a esas personas ante una sociedad a veces compasiva sin criterio cuando la compasión debería ser destinada a la propia libertad de expresión.

No olvidemos que lo prohibido siempre tiene un halo atractivo, sobre todo para la juventud. Cuando eres adolescente no quieres romper solo con tu familia, quieres romper con el sistema.

Si el sistema tiene unas normas, es posible que los jóvenes pongan la mirada en aquellos que pretenden transgredirlas. No sé tú, pero yo ya he escuchado en distintos espacios esta frase: «Ahora lo *punky* es ser un facha».

Cuando censuras lo censuras todo, incluido a ti mismo.

Abres mucho la boca para criticar a otro dejándote sin margen de maniobra en caso de cambiar de opinión y querer recular o abordar otro tema controvertido de tu interés.

Si eres de los primeros que salta ante un tema controvertido, estarás muy familiarizado con lo que te espera si eres tú el que desata la polémica y por eso posiblemente seas víctima en el futuro de tu propia censura. Te callarás cosas por miedo a las represalias.

De adolescente siempre fui muy juiciosa. Tenía muy claro lo que estaba bien y lo que estaba mal y de ahí no me apeaba. Eso limitaba mucho mis propias acciones.

¿Cómo iba a hacer yo algo por lo que había juzgado a otros?

(Lo más triste de esto es que solía ser a otras.)

Ahora que he hecho las paces con no tener la razón siempre, con cambiar de opinión y con liberarme de esos juicios, no me cuesta identificar a la gente que sigue del otro lado. Son esas personas que han criticado tanto las quedadas en tiempos de pandemia que, aunque se mueran de ganas por bajar a tomar una caña, respetando todas las protecciones y en los marcos legales, se quedan en su casa.

Ellos son buenos. Son aquellos que han criticado tanto la comida basura o las drogas que no van a pecar ni muriéndose de ganas. No verás un borrón en sus historiales. Intachables.

Que la gente se quede en su casa, no se drogue, no salga de fiesta, no eche una canita al aire o no se pronuncie sobre un tema controvertido me parece estupendo. Ahora, si es por haberse pronunciado en contra de eso en el pasado y se está autocensurando, entonces me da pena.

Bastantes límites tiene ya la vida como para inventarse más.

Para ir echando el cierre a esto de la cancelación y la libertad de expresión, creo que hay que pelear por el derecho a expresarse de unos y el derecho a protestar de otros.

En mi caso, me gusta dirigir la protesta a ideas y no a personas. Me resulta muy violento coger el nombre y la cara de una persona y criticar algo que ha hecho.

También te confieso que me cuesta criticar de forma pública, en mi casa no me corto un pelo poniendo a la gente a caer de un burro. Sapos y culebras salen de esta boca con lengua viperina. Yo, de puertas para adentro, soy mala persona. Lo digo abiertamente, por si algún día se filtra, que no sorprenda y no venga nadie a cancelarme.

¡Aviso!

ODIO

Muchas figuras públicas que son víctimas de cancelación fingen creerse su propia mentira. Como si esa imagen imparcial y de perfección fuese su realidad.

No entienden las críticas o les parecen injustas las consecuencias de sus actos.

Posiblemente no se habían parado a reflexionar sobre los cimientos de su éxito y sobre que la masa de seguidores que tienen está formada por personas con pensamiento crítico y capacidad de cuestionar los actos de sus ídolos.

La autocrítica en ellos es inexistente y la crítica de los demás se mete en el cajón de los *haters*.

Entiendo que hay personas que desde el anonimato disfrutan del insulto, el acoso y la atención que esto les da por parte de los que tratan de defenderse, pero creer que todas las críticas están hechas desde ahí es de lo más arrogante.

Me da a mí que esto nace de la cultura de apoyo incondicional. Nos cuesta mucho ser críticos con nuestros seres queridos y decirles que algo que han hecho está mal.

Estoy segura de no haber sido la única que ha escuchado a amigos consolándose después de un examen suspendido, un despido o una ruptura de pareja echando la culpa a la otra parte sin miramientos. No necesitamos más versión que la suya, aunque esto impulse un razonamiento un tanto narcisista: los malos siempre son los demás.

Encima, las redes sociales nos dan una vía de escape superfácil: el bloqueo.

Si me dices algo que no me gusta o vienes a criticar mi trabajo, lo tengo muy fácil, borro tus comentarios, te bloqueo y se acabó.

Hasta la fecha solo he bloqueado a una persona en mis redes sociales. Pensé en contarlo aquí pero la anécdota en sí es poco relevante.

Me agotó su actitud y terminé bloqueando a esa persona porque no respetó mis intentos de zanjar la conversación.

En ocasiones, cuando la gente no respeta los límites que se piden hay que imponerlos.

Lo único que revelaré sobre la anécdota es que esa persona me estaba llamando TERF.

¡A mí!

Si no entiendes mi sorpresa es porque puede que no entiendas tampoco el significado de TERF. Yo hasta que escuché que llamaban así a la escritora de Harry Potter tampoco lo conocía.

Como tantos otros términos, esto viene del inglés, *trans excluyent radical feminist (TERF)* y hace alusión a las personas que no quieren incluir en el movimiento feminista a las mujeres trans.

Muchas personas trans-excluyentes no están faltas de argumentos, formación y motivos para proponer esto. Siguiendo la lógica que he establecido al principio de este capítulo, en muchas de estas personas no veo malicia o ánimo de perjudicar a nadie.

No sé qué hago metida en este fregado. La última vez que hablé sobre el sexo, el género y las realidades trans, se me acusó de todo menos de TERF. Recibí muchísimas críticas por parte de feministas radicales y una de ellas fue que en mi discurso faltaba un análisis de la sociedad patriarcal junto a muchos otros factores.

Lo primero que pensé es que yo misma había limitado mi discurso pensando que, con mi formación académica y bagaje, no me correspondía a mí hablar de patriarcado ni feminismo de forma pública.

Sigo pensando exactamente lo mismo. No siento que tenga ninguna luz que arrojar sobre el asunto y el testigo sigue ahí para quien quiera cogerlo y construir una información más completa sobre lo que yo pueda aportar. Pero bajo el título de opinión y practicando con el ejemplo de eliminar la autocensura sin miedo, voy a compartir lo que pienso con la información que tengo.

SOBRE EL FEMINISMO RADICAL

He comenzado hablando de personas trans-excluyentes, pero voy a cambiar el término a mujeres feministas, en concreto, feministas radicales.

He visto a muy pocas dirigirse a sí mismas como TERF y veo que es un término empleado constantemente como insulto.

Que se llenen las redes sociales de amenazas de muerte a las *terfas* me produce profunda incomodidad y desasosiego, por lo que no quiero utilizar los mismos términos que se usan en espacios de odio y violencia. Yo misma tengo seres queridos y personas a las que respeto que son feministas radicales.

Este término, «radical», no hace alusión a un movimiento extremista o violento, sino a uno que ataca a la raíz del problema: el patriarcado.

El patriarcado no supone solo un constructo social, es el cimiento de una sociedad androcentrista que pone al hombre como medida de todas las cosas, como la norma.

Esta es la razón por la que el feminismo radical no busca solo una igualdad de género, sino romper con el sistema. No quiere igualarse al hombre, ya que el hombre como norma ha sido la semilla de sociedades desiguales y sistemas opresores. El feminismo radical quiere romper con el patriarcado y transformar la sociedad.

Para ello necesita abolir el sistema sexo-género, ya que es la herramienta de opresión hacia la mujer.

La transformación de esta sociedad se hace mediante la visibilización de todas las opresiones que sufre una mujer por el hecho de serlo y la eliminación de estas.

El propósito final de abolición del género no puede conseguirse hasta que todas las opresiones hayan sido eliminadas. El sujeto político del feminismo radical, aquel por el que se lucha, es la mujer, la hembra de la especie humana, todas sus hembras.

Se considera internacionalista ya que, independientemente de procedencia, raza, religión, diversidad funcional u orientación sexual, este feminismo ampara a todas las mujeres por igual ya que comparten la opresión de ser mujer y su única lucha es eliminar esta última.

Por ello, la categoría sexo-género no puede ser abolida hasta haber conseguido una igualdad de derechos real que elimine las opresiones que sufre la mujer. Si eliminamos la categoría de sexo en los registros, el movimiento feminista perdería la identificación de su sujeto político, imposibilitando por lo tanto continuar denunciando las injusticias, agresiones y violencias que sufre una mujer por el hecho de haber nacido con vulva.

Se entiende el proceso de socialización en función del género desde la infancia como la herramienta principal de opresión, donde aquellos que son socializados como hombres disfrutan de un privilegio constituyéndose como opresores.

Esto explica por qué, aunque el feminismo radical busque un bienestar social para todos los seres humanos y sus conquistas puedan beneficiar a muchos hombres, su único sujeto político y motivo de reivindicación ha de ser la mujer.

Muchas feministas radicales entienden que un hombre, desde su privilegio, no puede formar parte del movimiento ni ser considerado feminista. Esto no quiere decir que no pueda acompañar la lucha, ser activista o que no sea una pieza fundamental en el proceso de transformación social.

Como expliqué anteriormente, la categoría de sexo en biología hace referencia a la producción de gametos, siendo las hembras las que producen gametos grandes, llenos de nutrientes y con baja movilidad.

En el caso de la especie humana, además, las mujeres son las encargadas de la gestación y lactancia de las crías.

Una de las teorías que puede explicar el patriarcado es que esta realidad biológica ha supuesto esa estructura donde la mujer ha sido alejada de las sociedades y relegada exclusivamente a tareas de cuidado en el hogar. Labores siempre carentes de remuneración. Esta explotación llegó a extenderse a trabajos fuera de casa, perpetuando la posición social de las mujeres como esclavas.

Sus padres o maridos han sido nuestros dueños, privando a las mujeres de libertad financiera, de decisión y de movilidad.

Al haber sido alejada de la vida social y política, la mayoría de las culturas se han cimentado casi en exclusiva con el hombre como medida de todo, privando a las mujeres incluso de ser recogidas en cartas de derechos humanos, hecho que dio pie a los primeros ecos de feminismo en el siglo XVIII.

Desde entonces, a medida que se han ido logrando conquistas como ser amparadas por los derechos humanos, tener acceso a la educación, derecho a voto, derecho a libertad financiera, etc., el feminismo ha ido evolucionando con las demandas sociales del momento.

Cabría pensar que después de más de doscientos años de lucha ya podríamos estar en el punto de abolir el sistema sexo-género.

¿Por qué no podemos todavía?

En este libro he hablado recurrentemente del sexo como un término académico y biologicista. Como si solo tuviese implicaciones científicas. Creo de extrema relevancia señalar el impacto del sexo en la sociedad.

Aún hoy en día perforamos las orejas de un bebé al nacer. No es porque se autoidentifique como mujer, ni siquiera ha dado tiempo a que se empape de los roles de género y se identifique con el femenino. Ciertamente no sabemos el género del bebé.

Solo sabemos que tiene vulva, genital correspondiente a las hembras de la especie humana. Conocemos su sexo, pero no sabemos si el resto de su fenotipo corresponde al de una hembra. No sabemos si sus genitales están alineados con el resto de las características sexuales de un individuo. No sabemos si el resto de las estructuras del sistema nervioso y endocrino están alineadas con esa vulva, pero les imponemos un género, el femenino.

Este aún hoy en día predispone una serie de pautas de comportamiento, apariencia y relación con el entorno.

En cada cultura esto tendrá distintas implicaciones, pero en la inmensa mayoría, para el género femenino siguen primando las tareas del hogar y cuidados de la descendencia, mientras que para el género masculino están asociados papeles de protección y búsqueda de recursos para la familia.

A pesar de que esto suene aún a siglo XVIII, insisto, seguimos perforando esas dichosas orejas y sigo mencionando en exclusiva a las orejas por dar una versión edulcorada de las barbaridades que se pueden cometer a escala internacional sobre el cuerpo de una niña por nacer con vulva.

Volviendo a la cultura que tengo más próxima, asumir tareas de cuidado por parte de la mujer sigue siendo más que común y el reparto de las mismas en los hogares entre hombres y mujeres es desigual.

La brecha salarial, el techo de cristal, la cosificación de la mujer, agresiones sexuales, violencia de género, asesinatos, etc. Todo esto no es casualidad, no es biología, son restos de una sociedad patriarcal que se resiste a la transformación porque se sostiene sobre esa opresión que ejerce sobre la base de la biología.

Tener a la mitad de la población haciendo trabajos gratuitos, por pocos que sean, es indudablemente beneficioso para algunos. Por no hablar de la pereza que supone compartir espacios, decisiones y derechos con otras voces y realidades. Bastantes puntos de desencuentro tienen ya los hombres entre sí con la distribución de los recursos como para atender a las necesidades de las mujeres y que toque repartir a más, ya que ese reparto atañe a toda la población.

Ironía aparte, podría parecer que el feminismo busca una igualdad de resultados y no solo de oportunidades.

En mi caso, no es así y en el de la mayoría de las mujeres que conozco, tampoco.

Podría decir que, hasta este punto, me he limitado a transmitir lo poco que sé sobre el feminismo radical desvinculándome del mismo. Pero con el fin de acercar posturas quiero subrayar aquellos puntos con los que sí estoy de acuerdo:

> El sexo es la base de mi opresión como mujer. Si hubiese nacido con pene no habría sufrido los estigmas y opresiones que he sufrido como mujer. Habría sufrido otros, pero no estos.
>
> Sí veo un sistema patriarcal empapado por valores de masculinidad tóxica como la violencia, competitividad, repudiación de las emociones, obsesión por el éxito, acumulación de riqueza, etc. Desde luego no es un paradigma al que quiera igualarme como mujer, no aspiro a competir y pisotear a otros ferozmente para convertirme en una empresaria multimillonaria que explota a otras personas y contamina el planeta. Prefiero una transformación social.
>
> Sí creo en una sociedad transformada con una igualdad real de derechos entre todos los seres humanos, donde no sean necesarias las categorías de sexo-género para desenvolvernos como especie. Por lo que a mí respecta podemos abolir el género.

Con respecto a otros puntos del feminismo radical que atañen a la libertad de decisión de la mujer sobre su propio cuerpo me cuesta más posicionarme.

Podríamos hablar aquí, casi en contraposición al anterior, de un feminismo liberal, donde la mujer es dueña de su cuerpo.

Las decisiones que tome sobre él son fruto del empoderamiento y forman parte de un movimiento de liberación. En este caso, cuestiones como la maternidad subrogada, la prostitución, la pornografía o el simple hecho de mostrar nuestros cuerpos al mundo, formarían parte de esa libertad individual de cada mujer e, incluso, un acto de empoderamiento por ello.

El feminismo radical apelaría a una libertad colectiva donde las decisiones individuales de esas mujeres perjudican al sexo femenino en su totalidad.

El hecho de que algunas mujeres formen parte de la industria de cosificación e hipersexualización de la mujer perpetúa esa conceptualización de la mujer socialmente. Así como la comercialización de nuestros cuerpos sobre la base del sexo que es el motivo de nuestra opresión.

Para mí, los puntos más delicados de discrepancia entre movimientos están aquí y no en la cuestión trans que abordaré más adelante.

Digo esto porque me resulta más sencillo posicionarme en esa cuestión que en las otras, no porque objetivamente sea más simple.

Creo que es indudable el daño que hace la pornografía a la sociedad, por lo menos la más popular, tanto a mujeres como a hombres. Por no hablar de personas trans cuya representación en la pornografía es nula o motivo de fetiche.

En la pornografía *mainstream* abundan las violaciones a mujeres y niñas y el placer es totalmente falocéntrico. Esto genera una imagen de mujeres complacientes cuyo fin es el de satisfacer al hombre.

La relación sexual empieza y acaba con una erección y el orgasmo de la mujer parece conseguirse como un daño colateral fruto de la simple penetración.

En estas representaciones del sexo, el consentimiento brilla por su ausencia. Y, encima, suele ejemplificar prácticas inseguras que pueden acarrear enfermedades de transmisión sexual.

Este tipo de pornografía está al acceso de todo el mundo. De menores también. Se estima que los niños ven porno por primera vez con ocho años y son consumidores habituales ya con trece.

Por supuesto, en la mayoría de los casos estas criaturas están consumiendo ese contenido sin supervisión ni explicaciones por parte de un tutor que les indique que eso no representa la realidad de las relaciones sexuales entre adultos. La mayoría de los padres no se imaginan siquiera que sus hijos de diez años puedan estar consumiendo ese contenido y por ello no hay prevención ni asesoría.

Yo, ignorante por definición, me limito a describir lo que veo.

No sé si la solución está en prohibir la pornografía. Hay algo que me dice que no, pero me cuesta imaginarme una industria del porno totalmente libre de misoginia. Esto no es de extrañar porque ahora mismo me cuesta también imaginarme una sociedad totalmente libre de misoginia.

La cuestión del porno creo que se debe solventar con la educación y prevención como herramientas. Si están viendo ese contenido con ocho, diez o trece años es porque, desde el punto de vista cognitivo, están preparados para una explicación al respecto.

Si los padres, profesores e instituciones están bien formados, tejeremos una red de prevención donde podamos hablar abiertamente de sexualidad, consentimiento y prevención de riesgos sanitarios con los niños. Aunque esto implique, para cierto sector conservador, que se está animando a los menores a mantener relaciones sexuales, cosa que es incierta. Cerrar los ojos ante la realidad del problema e infantilizar a los niños no ayuda a solucionarlo. Por supuesto, esta prevención debe incluir todo tipo de orientaciones y prácticas sexuales. La educación es para todos, no solo para los que tienen la suerte de ser cis y heterosexuales.

Con respecto a si debemos o no mostrarnos al mundo depiladas, delgadas y sin imperfecciones, la respuesta es no, no debemos. Es indudable que el que opine así se está quedando cada vez más solo.

Entiendo que todos los feminismos comparten que los cánones de belleza están muy sujetos al gusto del hombre. No solo aquellos que operan sobre el paradigma de la mujer idónea, sino que se ha educado el paladar de la sociedad a unos cánones de belleza masculinos elegidos también por el hombre. Se nos deja bien claro lo que nos tiene que gustar y qué tenemos que hacer para gustar.

En contraposición a esto, surgen en el arte teorías como el *female gaze*, que viene del inglés y significa mirada femenina.

Las obras creadas desde esta perspectiva dejan de ensalzar la masculinidad tóxica y trabajan desde una visión del mundo con una perspectiva feminista.

En el ámbito de las relaciones y la sexualidad se hace más hincapié sobre otras características del hombre como las manos, la mirada, los movimientos o los diálogos. A mí personalmente me excita más eso que un Rambo que se parta la camisa. Pasar de la obviedad a la sutileza me parece mucho más erótico. Pero eso es lo que me suscita a mí.

Cuando tratamos la cuestión de cómo nos atraviesan estos cánones definiendo nuestros gustos y cómo debemos gustar hay algo que me chirría un poco.

No puedo evitar ver cierta condescendencia cuando se habla de una alienación de la mujer por la sociedad. Como si la mujer fuese una menor que no sabe lo que quiere realmente. Parece que se impone una moral absoluta. De nuevo, una única conclusión posible.

Llegada cierta edad todas las personas nos peleamos con eso, con tratar de saber qué nos gusta a nosotras y qué parte de ello buscaba complacer a otras personas.

En el caso de las mujeres, no niego que estamos impregnadas de esa sociedad y que nuestros gustos se conforman, casi en su totalidad, sobre la base de esos cánones. Incluso nuestros gustos sexuales.

¿Hemos de castigarnos por ello y vivir en contra de nuestras apetencias?

Creo que el proceso de deconstrucción es imprescindible y la educación ha de tomar parte. Entender que la estética que nos rodea y las dinámicas sexuales son fruto de una sociedad machista milenaria es importante. Pero ¿significa esto que una vez recorrido ese camino hemos de llegar todas a la misma conclusión?

Yo sigo en ese camino y ya me he desprendido de muchos elementos y conductas que no he identificado como propios. Por no hablar de la presión y pérdida de tiempo que supone estar a la altura de esos cánones.

Si tengo que estar bien depilada, peinada, maquillada, conjuntada y en forma los 365 días del año, no tengo tiempo para trabajar, hacer una tesis doctoral, escribir un libro, llevar una cuenta de divulgación, cuidar de mi salud y de disfrutar de mis seres queridos. Por no hablar de la pasta que cuesta eso. Aquí las mujeres, además de hacer labores gratis, alimentamos una industria de la estética multimillonaria.

Todo esto no quiere decir que, cuando me apetece, no disfrute de maquillarme y sacar las tetas o las piernas a pasear.

La mayoría de los hombres heterosexuales que he conocido se veían muy atraídos por un pelo suelto, largo, liso, prendas sencillas que muestren un poco pero sin resultar ordinarias, que no seas más alta que ellos y un maquillaje lo suficientemente discreto como para tapar tus imperfecciones, pero que no se note que vas maquillada.

Por supuesto, hay tíos a los que les gustan otras estéticas y esto cada vez cambia más.

Yo en 2010 podía distinguir perfectamente cuándo me arreglaba para mí y cuándo me arreglaba para gustar a un hombre.

Con mis 1,74 metros de altura, si salía con taconazos de trece centímetros, maquillada con sombras y purpurina como una *drag queen*, vestida con colores como un pavo real y con peinados imposibles de trenzas y ondas, no estaba vistiéndome para un tío, te lo puedo garantizar.

Cuando quería ligar optaba por vestido o minifalda negra con una blusita, calzado más bajo, *eyeliner* y como mucho un morro pintado de rojo. Nada de florituras. Parece que les gustaba que fuerámos lo suficientemente arregladas para atraerles, pero no tanto como para llamar la atención de otros.

Me siguen gustando ambas estéticas, pero ya no tengo energías para tanto *glam*. Cuando salgo ahora, elijo cosas más cómodas y sencillas, pero lo hago por mí. Sitios a los que antes iba con *stilettos* y vestidazo, ahora voy con Vans y vaqueros. Serán las modas o será la edad, no lo sé. Me da igual.

Mis dudas en este tema residen en si es posible desprenderse del condicionamiento patriarcal y si, al quedarnos con partes de este, lo hacemos como decisión totalmente libre.

Es complejo saber si existe libertad real en cuanto a gustos y elecciones vitales cuando no se conoce otra realidad social. No tenemos un mundo alternativo sin huella patriarcal para echarle un vistazo y ver si ir enseñando cachete o con las tetas apretujadas nos resultaría o no atractivo a nosotras mismas.

Lo único que conozco es la realidad que tengo y en ella, de momento, he hecho selección de qué cosas me quedo de la feminidad que se impone y cuáles quiero rechazar.

Lo he hecho con la información y el bagaje que tengo ahora y con mis gustos actuales, sea cual sea su origen. El resultado es que me siento cómoda, feliz y a gusto.

Sigo trabajando en cuestiones de aceptación de mí misma tanto física como mentalmente, pero ¿quién no?

Este dilema de la libertad, liberación y empoderamiento puede extenderse a la prostitución y a la maternidad subrogada.

Con respecto a la última me cuesta un poco menos posicionarme.

Creo que la maternidad o la paternidad no son un derecho. Es duro, pero es así.

La capacidad reproductiva es una cuestión biológica como la estatura, el color de ojos o la salud. Damos gracias a la ciencia por todos los avances al respecto.

No quiero que se me malinterprete, si podemos hacer algo sobre nosotros mismos para mejorar esas condiciones de salud o ayudas para poder ser madres y padres, bienvenido sea. Y, claramente, el dinero aquí supondrá una ventaja para quien lo tenga.

El problema para mí es cuando pretendemos usar a otro ser humano para solventar nuestras cuestiones de salud. No me termina de encajar.

Encima, pretendemos hacerlo con dinero, no porque nos sobre, sino porque a la otra parte le falta.

Creo que el problema de la maternidad subrogada no radica tanto en la libertad de la mujer para elegir hacer ese favor a alguien o cobrar por ello, sino en la moralidad que hay detrás de que una persona pueda alquilar el cuerpo de otra.

Lo único que hoy en día diferencia mi opinión respecto a la maternidad subrogada de mi opinión respecto a la prostitución es el hecho de que la primera solo puede ejercerse sobre las mujeres.

Es cierto que más del 90% de las personas que ejercen la prostitución en el mundo son mujeres. Pero si analizo la prostitución como actividad puedo llegar a entender que alguna persona en una sociedad transformada y justa quiera obtener un beneficio económico de esa actividad. Me cuesta, pero podría llegar a entenderlo.

Creo que serían pocas personas. En una sociedad idílica, sin presiones económicas ni cosificación de la mujer, resulta difícil imaginar altas tasas de prostitución.

Eso sin tener en cuenta que si esa sociedad está realmente educada en el consentimiento, debería encontrar un gran dilema moral a la hora de comprar la voluntad de una persona para mantener relaciones sexuales, aunque esta la venda libremente. A pesar de esto, podría haber personas que, a la hora de tener que trabajar en algo, eligiesen la prostitución.

Si analizamos el panorama actual, se me ocurren pocas personas que puedan estar a favor de la prostitución a través de la trata, es decir, del tráfico de mujeres para obligarlas a prostituirse.

España está a la cabeza de Europa en cuanto a cifras de prostitución y tercero en el mundo. Se calcula que más del 80% de las prostitutas que ejercen aquí vienen de la trata.

No logro visualizar cómo la regulación de la prostitución va a solucionar este problema, al igual que no ha podido solucionarlo en otros países donde ya está regulada.

Sea como sea, es un tema complejo que a mí, por lo menos, se me escapa de las manos. Por eso sigo escuchando, leyendo y aprendiendo abierta a cualquier solución.

¿ABOLIMOS EL GÉNERO?

Todas estas son cuestiones muy delicadas que enfrentan un feminismo radical con uno más liberal. Aun así, el tema que se está llevando la atención mediática es la autodeterminación del género.

El hecho de que una persona pueda identificarse como mujer u hombre siempre ha sido motivo de controversia.

Hasta ahora, este proceso se ha regulado desde el plano de la salud mental. Aunque ha sido eliminada su categoría de enfermedad mental, el transgenerismo y la transexualidad siguen suponiendo procesos de seguimiento y aprobación por parte de entidades clínicas.

Para que el sistema recoja tu identidad de género tienes que pasar un proceso de evaluación psicológica que dicte que estás en plenas capacidades de salud mental para considerar que eres una mujer, un hombre o que no te identificas con ninguno de esos géneros.

Personalmente, no recuerdo ese proceso. Puede que me lo hayan hecho a través de auriculares intrauterinos estando yo tan *pichi* en el vientre de mi madre.

Cuando nací me pusieron los dichosos pendientes, asumieron que soy mujer y yo estoy conforme. No he notado nada que me diga lo contrario, pero tampoco ha venido nadie a evaluar si estoy en condiciones óptimas de salud mental para autoidentificarme como mujer.

Si me preguntáis qué es ser mujer, no puedo dar respuesta a esa pregunta.

Si en todo un planeta no hay consenso, no voy a dictar yo lo que es aquí en este librillo.

Las veces que he hablado sobre esto con mis amigas no sabíamos identificar por qué sabemos que somos mujeres, lo único que encontramos como vínculo común objetivo son las opresiones que sufrimos.

En un vídeo escuché a la antropóloga Ana Cerezuela decir que esto de pensar que la opresión es el punto en común es muy judeocristiano. El resto creo que es algo más sutil, algo que no podemos medir o explicar con las herramientas actuales de la ciencia.

No puedo explicarte cómo sé que soy mujer, al igual que no sé explicarte por qué sé que mis pensamientos son míos.

Puede que mi percepción o incluso mi conducta tenga un condicionante biológico. Aunque a veces me chirríe, yo sí detecto conductas femeninas y masculinas. Es una cuestión cultural que hemos aprendido, pero que desconocemos hasta qué punto hay cuestión innata en la percepción y conducta asociada al sexo, lo que hoy entendemos como género.

¿Podría ser el género una cuestión biológica?

Me duele hacer esta pregunta, de verdad que sí, porque sé que es extremadamente malinterpretable. Pero creo que hay que formularla precisamente por el miedo que hay detrás de ella.

Imagina qué significa para una mujer que se diga que los roles de género en los que se nos encarcela tienen una base biológica, es una puñalada a todo un sistema de valores que se rebelan contra eso, contra ser cuidadoras, madres, empáticas y las más chachis y complacientes de la clase.

Hoy en día sabemos que el contexto cultural es determinante en el desarrollo de esos roles y, como subraya Gina Rippon repetidas veces, el entorno moldea el cerebro. Aquellas cuestiones que repetimos más se desarrollan más.

Pero en evolución siempre se llega a la misma conclusión y es que todo es multifactorial.

Claramente empieza a haber indicios y evidencia de que en las personas trans hay algo que no les hace percibirse como mujer u hombre. El hecho de que exista un mecanismo que en esas personas no está funcionando de una forma puede estar dando a entender de forma implícita que en el resto de las personas hay algo que trabaja en esa autopercepción del sexo.

Para explicar el hecho de que existan roles en los sexos existen algunos estudios evolutivos.

Las hembras en la cueva y los machos que salen a cazar. Las hembras se encargan del cultivo de la tierra y la recolección a la vez que desarrollan aptitudes para el cotilleo y obtención de información de otras hembras. Estas teorías explicarían por qué las mujeres somos supuestamente habladoras, empáticas y tenemos más talento para la comunicación e interpretación de emociones y los hombres destacan en competencias físicas y técnicas por estar más vinculados evolutivamente a estrategias de caza con más demanda de fuerza y agilidad.

Tú dime qué quieres demostrar que seguro que hay un estudio para ello.

Indudablemente el sexo masculino tiene más fuerza de media que el sexo femenino en la especie humana. Pequeñas variaciones en la complexión, inserciones musculares, hormonas y estructuras óseas brindan al sexo masculino la capacidad de desarrollar más fuerza que al sexo femenino.

Todo esto, por supuesto, se trata de estadística. Todos conocemos a mujeres más fuertes que muchos hombres.

También encontramos condiciones de fenotipo que pueden brindar ventajas a algunos miembros del sexo femenino a la hora de desarrollar masa muscular, y viceversa, hombres con condiciones metabólicas en las que resulta muy complicado ganar fuerza.

Independientemente de estas teorías de evolución, gracias al registro fósil, también podemos encontrar excepciones en algunas culturas donde se encuentran restos de mujeres armadas para la caza y hombres con competencia de cuidado. Hay que insistir en que la evolución de unas características no determina que estas predominen en todos los miembros de la población o que sigan teniendo la misma utilidad.

Tratar de utilizar estas teorías para relegar a hombres y mujeres a roles de género con competencias fijas supone limitar la evolución. Poner barreras en la cueva del linopico, aquel roedor peludo que me inventé en un capítulo anterior, habría impedido la aparición de toda esa variedad de características que lo convierten en una especie extraordinaria.

Insisto en que la neurociencia y la psicología no pueden dar hoy en día una explicación en la que haya consenso sobre si las identidades de género tienen o no una base biológica.

Tenemos evidencia que apoya ambas cuestiones. Lo que sí puede explicar la neurociencia es cómo los roles de género impactan negativamente en el desarrollo y las vidas de muchas personas y cómo la transfobia y la negación de la identidad a una persona puede repercutir gravemente en su salud.

Desde el siglo XX en el que apareció el concepto de género, las mujeres hemos hecho un largo recorrido de lucha para subrayar la desigualdad que generan estos roles.

Este concepto fue necesario para señalar lo que se estaba haciendo mal. Según los genitales que yo tenga estás asumiendo qué capacidades tengo, para qué valgo y hasta dónde puedo llegar.

Desde el punto de vista ético esto no hay por dónde cogerlo, ni aunque existan diferencias de conducta con base biológica. La variabilidad entre individuos hay que tenerla siempre en mente. Tomar un condicionante biológico como algo que sentencia tu vida para bien o para mal es la mayor de las distopías al más puro estilo *Gattaca*. Lo peor es que no es una peli, es la realidad.

Para muchas mujeres el género ya ha cumplido su papel, ya hemos visibilizado las discriminaciones que nacen de socializarnos como mujeres y hombres y no aportan nada, obviamente estamos mejor sin eso. Hasta aquí, comparto con las feministas radicales el deseo de abolir el género.

No estoy muy alineada con el cómo.

Porque si el género es aquello que hace alusión a la conducta y no a la genitalidad, aún falta mucho trabajo para visibilizar la variabilidad de conducta entre individuos. No veo posible eliminar la masculinidad tóxica sin visibilizar otros tipos de masculinidad e identidades en hombres. Tampoco veo posible desprendernos de los arquetipos femeninos que tenemos en la cabeza sin visibilizar otras realidades en el espectro de la conducta relacionada con la identidad.

En mi opinión el colectivo *queer*, visibilizando lo disidente, lo no binario, está haciendo una labor imprescindible en el proceso de abolir el género.

Aunque se pueda percibir como una acción para darle más peso —y, en vez de cargarnos los dos que tenemos, que salgan 68.975.934 géneros más—, yo creo que visibilizar las infinitas realidades de la expresión de género es el camino a que un día, efectivamente, ya no tenga sentido poner identidad en ello.

Si mañana me dices que no soy ni mujer ni hombre, mi identidad ya la he desarrollado en este contexto cultural. Nada va a cambiar.

Sin embargo, el camino de que las siguientes generaciones se expongan a todo un espectro de expresiones de género acabará destruyéndolo desde dentro porque pasará a ser una información irrelevante.

En el punto en el que todos seamos realmente libres para actuar, vestirnos, socializar y desarrollarnos como personas, a nadie le va a importar si eres cis, trans, persona no binaria, de género no fluido...

Una vez esté a la orden del día toda la variabilidad entre individuos, todo será válido y no depositaremos identidad en ello o, al menos, así es como yo lo visualizo.

Esto mismo es lo que me lleva a legitimar totalmente la transición de personas de un género o sexo a otro. No me hace falta la evidencia científica, ni la que ya sabía ni la que busqué para este libro.

En el contexto actual, todas las personas estamos atravesadas por el género y sus roles. Yo soy libre de desempeñar los de mujer porque me siento así y no me siento cuestionada. Sé que muchas mujeres que exponen su cuerpo son juzgadas por sexualizarse y contribuir a los roles de género.

En mayor o menor medida, la mayoría de las mujeres lo hacemos. Pero cada una está en un camino en el que coge lo que siente como propio y deja todo lo demás.

Yo abrazo el hecho de llevar las uñas pintadas, los labios, los vestidos y toda la cultura femenina en torno a nuestra estética. Porque ahí también encuentro cultura, sororidad y camaradería entre nosotras.

No hablo de hacer nuestros los elementos de opresión ni ninguna chorrada semejante en plan síndrome de Estocolmo, pero yo me he reconciliado con muchas cuestiones femeninas que están pegadas al género y me gusta ver cómo atraviesan la barrera del género y viajan por ese espectro a la vez que llegan cosas del otro lado a nosotras.

Esto de abolir el género me parece un camino largo cuyo fin no vamos a vivir ni tú ni yo. Por eso precisamente no veo por qué debemos impedir hoy a una mujer trans vivir como una más. Si nosotras podemos usar el género antes de tirarlo, ella también.

Podría decir que este tema es el origen de este libro, pero realmente no lo es. Como ves no soy experta en nada de esto del género y no me gustaría que el libro se entendiese así.

Mi ambición con este libro va un poco más allá porque esta cuestión es una de tantas en las que, como dijo Yuval Noah Harari, «la naturaleza habilita y el hombre prohíbe».

Ese concepto inspira el propio título del libro y es que la biología puede ser muy puñetera. Puede hacernos muy distintos, pero somos nosotros los que sentenciamos lo que está bien o mal, lo que vamos a admitir y lo que vamos a destruir.

Con este libro quería hacer contigo ese viaje de lo individual a lo colectivo y de vuelta a la lucha por los derechos individuales.

El problema es que, a mi parecer, la individualidad está mal entendida.

Es realmente importante mirarnos el ombligo, entender nuestras diferencias, reconciliarnos con ellas, respetar e incluir lo diferente, normalizar distintas realidades... Eso es el interés del individuo: visibilizar lo diferentes que somos dentro de un mismo colectivo.

Pero a veces nos miramos tanto que solo nos fijamos en aquello que nos hace superiores a los demás para sacar conclusiones de lo que merece cada uno según lo que es y lo que hace. Cada uno a lo suyo.

Lo del trabajo en equipo queda muy bonito en las entrevistas de trabajo, pero son unos valores que no terminan de calar.

CULTURA DEL ESFUERZO

Una de las cosas que más me irrita es la cultura del esfuerzo. Si trabajas lo suficiente puedes llegar a donde sea, ignorando por completo el punto de partida de cada uno.

El problema de esto es que suele ir acompañado de historias de multimillonarios «hechos a sí mismos». Historias de personas que venían de la más absoluta pobreza y condiciones muy duras y, con trabajo y esfuerzo, acabaron en lo más alto.

Estas anécdotas son las que pueden influir en que alguno crea que verdaderamente da igual tu origen, si te va mal es porque no lo has intentado lo suficiente.

Estoy de acuerdo en que el trabajo y la constancia son los pilares fundamentales para tener éxito en cualquier cosa que hagas en la vida: formación académica, trabajo o relaciones personales. Pero si resumimos todo a eso, estamos olvidando que la igualdad de oportunidades no existe.

En muchos casos, la diferencia entre unos y otros ni siquiera es solo económica. Criarse en un entorno negligente puede guillotinar el resto de tu vida adulta.

Si utilizamos bien la intervención del Estado en estas situaciones, podemos hacer mucho bien, pero siempre resulta insuficiente.

A veces parece que dando una beca ya lo arreglamos todo y, por mucha ayuda que le des a un menor, si las condiciones en el hogar no son las idóneas y no tiene una atención psicológica de calidad, tanto en prevención como en tratamiento, no conseguimos nada.

Entiendo que el dinero es un recurso limitado para el Estado y que mejorar la atención psicológica también supone una gran inversión.

Dejando a un lado los millones «invertidos» en corrupción, la distribución del dinero público es compleja, pero debería atender a los valores y prioridades de la población. Si entre todos cada vez damos más prioridad a la salud mental, esto debería de cambiar.

De momento, algo que me ha dado cierta esperanza en cuanto al reparto de las becas es que la ministra de Educación española ha dicho que estas, en el ámbito académico, tendrán en cuenta la renta y no las notas.

Entiendo que habrá quien se eche las manos a la cabeza pensando que es una injusticia, que si un niño saca muy buenas notas merece una recompensa y un premio.

En mi opinión, siempre tendrá premio ser un crac.

Tener una media alta ayudará a ese niño a ser de los primeros en elegir carrera, tener acceso a colaboraciones con departamentos en la universidad o facilidad de acceso a empleo. Un buen expediente siempre abrirá puertas, es para lo que sirve.

Los menores no pueden trabajar, mientras estudian no son funcionarios del Estado, no veo por qué pagarles según lo que rindan.

Las ayudas son eso, ayudas. Como sociedad, echamos una mano a quien la necesita.

Estas frases siempre quedan muy bonitas e idílicas, como si viviésemos en una sociedad genial donde todo es justo y todos nos ayudamos. Pero yo de verdad que lo siento así y me preocupa que desde niños estemos viendo constantemente este individualismo enfermizo.

Si vivimos en sociedad deberíamos educar en sociedad. Personalmente no me parece muy relevante el hecho de que yo pueda memorizar mucha información y sacar un 9 y menganito solo sea capaz de memorizar para sacar un 6. Lo interesante desde el punto de vista educativo es enseñar a sacar la sociedad adelante en equipo, porque en la vida real no estamos solos ni debemos.

No sé a ti, pero a mí me preocupa la obsesión de algunos por saber cuán listos o tontos son los alumnos. El plan es detectar de qué son capaces y separarlos, ponerlos en otra clase, no vaya a ser que unos entorpezcan a otros.

Esto que parece tan inocente, separar a los niños por clases según capacidades o diversidades funcionales, es una muestra de lo que ocurre luego en la vida adulta.

Hay que poner leyes de inclusión y cuotas para insertar a la gente que hemos separado en la infancia en la vida adulta y aún esperamos que la adaptación se haga con conocimiento y respeto.

Se me ocurren pocas cosas más provechosas para una persona en su infancia que educarse en entornos plurales que cooperen. Sentir que contribuye al grupo, que ayuda a otros a salir adelante y que se deja ayudar me parece lo más nutritivo que les podemos dar a los niños, no solo en valores sino también en competencias.

En definitiva, la infancia es una cuestión a la que presto muchísima atención. Mi extrema preocupación por lo difícil que es educar bien a una persona me aleja de querer dar vida a una. Al fin y al cabo no sabes qué biología le puede tocar, ni qué gente la va a rodear.

Con esto ya podemos ir echando el cierre.

No sé cómo hacerlo, me lo he pasado muy bien escribiendo este libro y contándote todo esto.

He vivido también mucha angustia y síndrome de la impostora, de este de ¿quién soy yo para escribir un libro?

La conclusión a la que he llegado es a que mientras lo haga con cariño, respeto por lo que escribo y la buena intención de compartir de forma amena una ciencia un tanto farragosa, no puede salir mal.

No puedo esperar a tener ochenta años para empezar a escribir, ni esperar a que exista toda la evidencia al respecto de un tema para hablar sobre él.

Si consigo permanecer igual de curiosa, no dejaré de aprender y, siempre que sea de tu interés, yo volveré aquí para contártelo. Al fin y al cabo me dedico a eso, a divulgar.

La información científica que está en este libro puede contener errores o quedarse obsoleta porque toda la información está sujeta a cambios. Pero lo que nunca debe cambiar son los valores en relación con los derechos humanos, con aquellos que conseguimos simplemente por el hecho de nacer y que nunca han de ganarse a golpe de publicación científica.

Con esto ya puedo despedirme de ti y de las falacias naturalistas.

EPÍLOGO

Quiero terminar este libro como lo empecé, asumiendo mi absoluta ignorancia e incapacidad de conocer nada con certeza. Si vuelvo a la curva del conocimiento de Dunning-Kruger, me consume el nihilismo asumiendo que el saber es inalcanzable y que, si no podemos aprender nada, nada tiene valor. Nada importa.

¡Menudo bajón!

Un aprendizaje que puedo extraer de esta experiencia es la dificultad de escribir sobre la especie humana.

La película *El buen patrón*, que arrasó este febrero de 2022 en los premios Goya, me ha recordado una de las bases del principio de incertidumbre formulado por Werner Heisenberg: «No podemos observar sin alterar lo que observamos». Es decir, no puede existir una mirada objetiva de aquellas cuestiones que estudiamos.

Cuando hablamos de animales o fenómenos naturales, resulta más sencillo extraer conclusiones porque, por lo menos, el observador y el sujeto observado son distintos. Pero cuando se trata de la especie humana, hemos de describirnos a nosotros mismos y, encima, se trata de explicar algo inacabado.

Si hablamos de los dinosaurios, podemos estudiar sus fósiles, ubicarlos en un espacio y tiempo concretos, y explicar cómo fue su recorrido en la tierra. Pero nosotros seguimos aquí y, por lo tanto, es imposible definirnos. Sería como tratar de hacer una sinopsis de una película sin acabar de verla, sin saber cuánto dura o si estamos en pleno desarrollo, nudo o desenlace.

En un alarde de optimismo, puedo ascender unos metros por la montaña rusa de Kruger confiando en el método científico; esa modesta herramienta de estudio que hemos construido como especie y que nos permite tratar de unificar la forma de extraer conocimiento del entorno. La comunidad científica ha desarrollado durante siglos mecanismos para asegurarse de que los hallazgos que obtenemos a partir de la observación y experimentación representan fielmente los fenómenos que estudian.

La verdad es que, con lo difícil que es publicar un artículo, deberíamos asumir que todos están bien. Que con un artículo delante puedes dirigirte a alguien confiando en que tienes la verdad en tus manos. Pero esto no es así, los artículos se publican después de ser revisados por editores de revistas científicas. Personas con criterios falibles. Esto debe ser así ya que, una vez publicado el artículo, conseguimos hacerlo llegar a la comunidad científica y que esta pueda replicarlo para buscar consenso. A través de este mecanismo, ese experimento será repetido por distintos equipos de investigación que harán sus propias publicaciones sobre esa materia. Cuando conseguimos suficientes artículos, otros investigadores pueden hacer revisiones: publicaciones que consisten en revisar toda la bibliografía sobre una materia y sacar conclusiones robustas al respecto.

En este punto podríamos decir que con las revisiones ya podemos estar en la cima de la curva, viendo el horizonte desde lo más alto de la montaña rusa. Si tenemos varias revisiones que nos muestran, por ejemplo, un origen biológico para la homosexualidad, ya podemos concluir que eso es así, que la orientación sexual está regulada por nuestro ADN.

Aquí es donde viene la caída en picado. Ese nudo que asciende rápidamente desde el estómago a la garganta a medida que nos precipitamos en el «Valle de la Desesperación».

A lo largo del libro me he asegurado de ir constantemente haciendo *disclaimers*, es decir, descargas de responsabilidad, sobre este tipo de evidencia científica y, a pesar de esto, nunca los he sentido suficientes.

Hemos hecho un camino cuyos pasos nos han llevado por el origen de la vida y de la reproducción, la comprensión de las especies y su interacción, el funcionamiento social de los humanos, y hemos llegado incluso a analizar el origen del sexo, la orientación sexual y la identidad de género.

Con todo esto a las espaldas, yo me quedo como estaba. De vuelta en lo más bajo del recorrido de Kruger.

El *disclaimer* definitivo es que todo lo que has creído aprender en este texto apenas tiene aplicación. La evidencia científica que respalda cualquiera de esos últimos puntos —orientación sexual e identidad—, apenas puede rascar la superficie de todo lo que condiciona el resultado final.

Siento que nunca quedará suficientemente claro, pero algo que sí sabemos con certeza es que somos el resultado de la interacción de nuestros genes con el entorno y la sociedad. Por ejemplo, los estudios sobre el origen genético de la orientación sexual solo pueden explicar en un 25% nuestra conducta. Por no hablar del caos que impera en cuanto a la evidencia sobre los dimorfismos sexuales en el cerebro o si puede haber una base biológica para nuestra identidad.

Todas estas cuestiones a mí me vienen grandes. Me quedo perpleja cuando leo a investigadores como Dick Swaab, que afirman todo con una rotundidad que asusta. Imagino que cuando dedicas tu vida a un campo de investigación puedes permitírtelo. Pero yo tengo el privilegio de ser una mera espectadora. Alguien con mucha curiosidad por entendernos como especie y con ganas de conciliar un ambiente ya muy cargado.

En este punto cabe preguntarse qué sentido tiene este libro, este viaje que nos ha dejado como estábamos, a ti y a mí.

Para esto tendremos que echar mano de la teleología, de la rama de la metafísica que analiza los propósitos y objetivos que perseguimos. Igual que la historia de nuestra especie, la mía también está inacabada y, por lo tanto, mi percepción sobre las cosas también. El único propósito que puedo extraer con claridad de todo este recorrido es la importancia de poner en su lugar los hallazgos científicos al respecto de la conducta humana. Su estudio es relevante para nuestro desarrollo como especie, para entender mejor los mecanismos que rigen nuestra salud y nuestro desempeño como personas. Pero no deben condicionar cómo nos relacionamos entre nosotros, ni mucho menos dar o retirar derechos a nadie sobre cómo vivir su vida.

Una evidencia a la que sí veo necesario prestar mucha atención es a aquella que supervisa las cuestiones que pueden afectar a nuestra salud, sobre todo a la salud mental. Si vamos a legislar al respecto de las identidades y derechos de las personas, debemos prestar atención a cómo afectarán estas medidas al bienestar de la población.

Hay dos conceptos que a veces chocan en mi cabeza. Por un lado, cuando profundizas un poco en la psicología detrás del comportamiento humano, aprendes que cuando crecemos vamos generando unas distorsiones cognitivas con nuestras vivencias. Esto quiere decir que nuestro camino puede condicionar qué cosas nos pueden generar malestar. Por ejemplo, un amigo no te saluda por la calle; las motivaciones detrás de esto pueden ser infinitas y no tener mala intención. Pero en este caso tú podrías llevarte esta situación a la culpa, a asumir que has hecho algo mal y que esa persona está enfadada contigo. Se podría decir que ese malestar es tuyo, que no es culpa de nadie.

La otra persona no ha querido ofenderte intencionadamente y tú tampoco tienes culpa de lo que ha pasado en tu vida que te ha llevado ahí.

Como ya sabes, en cuanto a conflictos personales yo siempre tengo esto como base, lo que me lleva a asumir que, cuando hay movida, es por un malentendido. Pero aplicar esto sin criterio trae dos problemas: da manga ancha a las acciones malintencionadas para camuflarse como malentendidos y nos lleva a responsabilizar totalmente a cada persona de sus sentimientos. Una especie de sálvese quien pueda, o quien se pica, ajos come.

Aquí choca el segundo concepto, la responsabilidad afectiva. Medir nuestros actos teniendo en cuenta a las personas con las que nos relacionamos y sus emociones.

Se podría decir que lo conocido como la «cultura *woke*», a veces tildada incluso como religión, es el sumun de la responsabilidad afectiva. Esta ideología, cuya cuna está en Estados Unidos, consiste en estar alerta y bien informado acerca de las injusticias sociales, especialmente a aquellas que aluden a la identidad y a la raza.

Personalmente, siento que todo esto es algo a lo que aspirar. A ser consciente de las realidades individuales de otras personas y a tenerlas en cuenta a la hora de organizarnos como sociedad.

Nunca me veréis como defensora de la identidad individual por encima del bienestar colectivo, pero cuando existen dinámicas sociales que atacan los derechos de una persona por su identidad no existe tal bienestar colectivo.

Parece que si estamos preocupados por visibilizar las opresiones que sufren algunos individuos dejamos de preocuparnos por aquellas que sufrimos la mayoría. Esto no tiene por qué ser así. Pero para que no ocurra hay que hacer un ejercicio para alejarnos del ejemplo parlamentario de este país, donde impera conservar el estatus y la identidad del partido antes de conciliar posturas.

Buscar nuestros puntos en común como individuos es lo único que puede generar un colectivo robusto. Una sociedad que atienda a cubrir nuestras necesidades básicas de vivienda, educación, empleo y salud, a la vez de que se asegura de que nadie tenga un punto de partida distinto en función de su identidad.

En todo esto, como ves, la ciencia no tiene ningún papel más allá de conocer nuestro entorno e investigar todas aquellas cuestiones que pueden facilitar nuestro avance en calidad de vida.

Podemos concluir que este libro solo te ha servido para entender que toda la evidencia que nos echan a la cara a la hora de dar o retirar derechos a la gente no nos dice nada y que si queremos funcionar como sociedad debemos hacerlo de la mano de la filosofía, buscando ahí los valores que rigen nuestros derechos y la igualdad de oportunidades.

Ahora ya me despido definitivamente, te saludo desde el «Valle de la Desesperación» invitándote a acompañarme en el «Camino del Saber». A que sigamos formándonos, dialogando y conociéndonos como especie hasta llegar a la «Meseta de los Gurús».

Mi aspiración no es ser ninguna gurú, sino formarme para la búsqueda de un mundo más justo y saludable a través de la divulgación científica. Para esto necesito aprender más sobre sociología y filosofía. Y en un futuro, volver a coger este texto y reescribirlo con otra perspectiva, en otro punto de la montaña rusa del saber.

Nos vemos por el camino y ¡salúdame siempre!

BIBLIOGRAFÍA

CAPÍTULO 1. ORIGEN Y EVOLUCIÓN DE LA VIDA

Pierce, B. (2016). «Genética. Un enfoque conceptual». *Editorial médica panamericana*.

CAPÍTULO 2. ORIGEN Y EVOLUCIÓN DE LA REPRODUCCIÓN SEXUAL

Carranza, J. (Ed.) (2010). *Etología: Introducción a la ciencia del comportamiento*. Universidad de Extremadura.

CAPÍTULO 3. SIGNIFICADO DE ESPECIE

Darwin, C. (2010). *El origen de las especies*. Espasa libros.

CAPÍTULO 4. ANÁLISIS DE LA ESPECIE HUMANA COMO COMUNIDAD

Amodio, D. (2014). «The neuroscience of prejudice and stereotyping». *Nature* 15, 670-682.

Bermudez de Castro, J. (2021). *Dioses y mendigos. La gran odisea de la evolución humana*. Editorial Planeta.

Harari, Y. (2015). *Sapiens. De animales a dioses: Breve historia de la humanidad*. Editorial Debate.

Lucas Adell, I. *Funciones ejecutivas, emoción y personalidad: Actividad de la corteza prefrontal a través de espectroscopia funcional de infrarrojo cercano (fNIRS)*, tesis doctoral, Universidad de Lleida, repositorio de tesis de la Universidad de Lleida, 2020.

Preston, S. y de Waal, F. (2002). «Empathy: Its ultimate and proximate bases». *Behavioral and brain sciences*, 24, 1-72.

Schaefer, M., Kühnel, A., Rumpel, F. y Gärtner, M. (2021). «Dispositional empathy predicts primary somatosensory cortex activity while receiving touch by a hand». *Science Reports*, 11, 11294.

Wasylyshyn, N., Hemenway, B., García, J., Cascio, C., Brook, M., Bingham, R., Simons-Morton, B., Vettel, J. y Falk, E. (2018). «Global brain dynamics during social exclusion predict subsequent behavioral conformity». *Social Cognitive and Affective Neuroscience*, 182-191.

CAPÍTULO 5. SI NOS ORGANIZAMOS, FOAMOS TODOS**

Carranza, J. (2010). *Etología: Introducción a la ciencia del comportamiento*. Universidad de Extremadura.

Hesketh, T. y Xing, Z. (2006). «Abnormal sex ratios in human populations: Causes and consequences». *PNAS*, 103, 13271-13275.

CAPÍTULO 6. SOMOS NUESTRO ADN

Bachtrog, D. (2008). «The temporal dynamics of processes underlying Y chromosome degeneration». *Genetics*, 179, 1513-1525.

Charlesworth, D. (2021). «The timing of genetic degeneration of sex chromosomes». *Phil. Trans. R. Soc.*, 376, 20200093.

Cortez, D., Marin, R., Toledo-Flores, D., Froidevaux, L., Liechti, A., Waters, P., Grützner, F. y Kaessmann, H. (2014). «Origins and functional evolution of Y chromosomes across mammals». *Nature*, 508, 488- 493.

Lim, J. y Kim, H. (2022). «Basic principles and clinical applications of CRISPR-Based genome editing». *Yonsei Medical Journey*, 63, 105-113.

Natri, H., Merilä, J. y Shikano, T. (2019). «The evolution of sex determination associated with a chromosomal inversion». *Nature Communications*, 10, 145.

CAPÍTULO 7. EL SEXO BIOLÓGICO

Bao, A. y Swaab, D. (2011). «Sexual differentiation of the human brain: Relation to gender identity, sexual orientation and neuropsychiatric disorders». *Frontiers in Neuroendocrinology*, 32, 214-226.

Doty, R. y Cameron, E. (2009). «Sex differences and reproductive hormone influences on human odor perception». *Physiology & Behavior*, 97(2), 213.228.

Hughes, I. (2001). «Minireview: Sex differentiation». *Endocrinology*, 142(8), 3281-3287.

Ingakhalikar, M., Smith, A., Parker, D., Satterthwaite, T., Elliot, M., Ruparel, K., Hakonarson, H., Gur, R., Gur, R. y Verma, R. (2014). «Sex differences in the structural connectome of the human brain». *PNAS*, 111, 823-828.

CAPÍTULO 8. NI GÉNERO NI *GÉNERA*

Bentz, E., Hefler, L., Kaufmann, U., Huber, J., Kolbus, A. y Tempfer, C. (2008). «A polymorphism of the CYP17 gene related to sex steroid metabolism is associated with femaleto-male but not male-to-female transsexualism». *Fertil Steril by American Society for Reproductive Medicine*, 90, 56-9.

Burke, S., Cohen-Kettenis, P., Veltman, D., Klink, D. y Bakker, J. (2014). *Frontiers in Endocrinology*, 5,60.

Burke, S., Manzouri, A. y Saviz, I. (2017). «Structural connections in the brain in relation to gender identity and sexual orientation». *Scientific reports*,7, 17954.

Fisher, A., Ristori, J., Morelli, G. y Maggi, M. (2018). «The molecular mechanisms of sexual orientation and gender identity». *Molecular and Cellular Endocrinology*, 3, 13.

Hines, M. Constantinescu, M. & Spencer, D. (2015). «Early androgen exposure and human gender development. Biology of sex differences». *Biomed Central*, 6, 3.

Zubiaurre-Elorza, L., Junque, C., Gomez-Gil, E., Segovia, S., Carrillo, B., Rametti, G. y Guillamon, A. (2013). «Cortical thikness in untreated transsexuals». *Cerebral Cortex*, 23, 2855-2862.

CAPÍTULO 9. TEORÍAS GENÉTICAS Y EPIGENÉTICAS DE LA HOMOSEXUALIDAD

Bailey, J., Vasey, P., Diamond, L., Breedlove, S., Vilain, E. y Epprecht, M. (2016). «Sexual orientation, controversy and science». *Association for psychological science*, 17, 45-101.

Fisher, A., Ristori, J., Morelli, G. y Maggi, M. (2018). «The molecular mechanisms of sexual orientation and gender identity». *Molecular and Cellular Endocrinology*,3,13.

Frigerio, A., Ballerini, L. y Valdés, M. (2021). «Structural, functional and metabolic brain differences as a function of gender indetity or sexual orientation: a systematic review of the human neuroimaging literature». *Archives of sexual behavior*, 8, 3329-3352.

Safron, A., Klimaj, V., Sylva, D., Rosenthal, A., Li, M., Walter, M. y Bailey, M. (2018). «Neural correlates of sexual orientation in heterosexual, bisexual and homosexual women». *Scientific reports*, 8, 673.

AGRADECIMIENTOS

Es difícil saber cómo sería nuestra vida sin las personas que la habitan. ¿Tendríamos el mismo sentido del humor? ¿Nuestras aficiones serían las que tenemos ahora? ¿Nos dedicaríamos a nuestra profesión?

No tengo la respuesta a esas preguntas, pero sé perfectamente qué personas han hecho mi presente y este libro posible.

Ana González Tizón, profesora de genética de la Universidad de A Coruña y directora del Grupo de Divulgación Científica e Innovación Docente, UDCiencia, apareció en mi vida en el momento más oportuno. En segundo de carrera, cuando para mí las clases no podían ser más soporíferas y mi pasión por la biología estaba zozobrando, entró por la puerta demandando voluntarios para un proyecto de divulgación. No lo pensé dos veces.

Gracias a Ana, recuperé la pasión por la biología aprendiéndola de forma aplicada mientras desarrollaba charlas y talleres. Todo esto supervisado por profesores y profesoras que han sido el mejor ejemplo para hacer las cosas con cariño, rigor y humildad.

Hoy en día, las doctoras María José Servia García y María Amalia Jácome Pumar, mis directoras de la tesis, son las que guían mi formación. Gracias a ellas sigo aprendiendo cómo se construye el cocimiento científico y cómo se comparte con la gente.

Divulgar me resultó apasionante desde el primer momento. Cuando Ana entró por la puerta, no dudé. En general soy muy echada para adelante. Como dice mi madre, me apunto a un bombardeo.

Es precisamente a ella, María del Carmen, y a mi padre, José Manuel, a los que debo agradecer esto. En casa no sobraba el dinero, pero la prioridad siempre era que mi hermana y yo tuviésemos todo lo necesario para estudiar y tener un entorno cultural enriquecedor. El calendario familiar se regía por nuestros deberes y exámenes. Después de comer, la casa se convertía en un templo para el estudio y las tardes consistían en llevarnos al parque a ver a nuestras amigas, a hacer deporte, a actividades extraescolares, a clases de informática o a la escuela de idiomas. En verano no faltó un campamento o excursiones al extranjero con becas de la Xunta.

Con todo esto a las espaldas, resulta casi inevitable que disfrute de juntarme con otros seres humanos para compartir lo que aprendo de forma divertida. Como si la vida fuese un gran campamento de verano.

Mi hermana Iria, educadora social y pedagoga, está cortada por el mismo patrón que yo. No pretendo darle identidad a través de su formación, pero en este caso dice mucho de ella, de cómo se entrega a ayudar a otras personas y de la importancia que le da a la educación. Gracias a ella, las tardes en casa podían ser el mejor de los campamentos.

Iria es una de las pocas personas que me han sufrido recibiendo fragmentos del libro para darme opinión y consejo. Pero el que más me ha padecido, sin lugar a duda, es Alexandre. Además de las horas dedicadas a leerme, escuchar mi frustración y mitigar mi síndrome de la impostora, Alex supone el entorno más estimulante. Por ello tengo que agradecerle que sea mi fuente de pensamiento crítico y un motor de búsqueda de conocimiento incansable.

Atendiendo a uno de los pilares fundamentales de mi personalidad y estilo divulgativo, no puedo olvidarme de mis *frutingas*. Las mujeres más talentosas, ocurrentes y desternillantes de mi vida: mis amigas Iris, Marta, Sabe, Alicia, Bea, Clara, Sabela, Mariña, Ana y Marina.

A las dos últimas tengo que hacerles una mención especial. Ana ha soportado cada segundo de frustración vivida con este libro y ha sacado un tiempo que no tenía para leerme y ayudarme. En general, tengo que agradecerle que, desde 1996, me haya permitido depositar en su cerebro todo lo que sobra en el mío.

Marina ha supuesto el empujón que necesitaba para apostar por mí. Gracias a ella, en 2020 abrí una cuenta de divulgación (@Putamen_T) que fue el comienzo de todo lo demás.

Sin ese impulso de Marina no sé si estaría donde estoy, no sé si habría llegado a las cuarenta mil personas que me siguen ahora mismo, a las que quiero agradecer todo el tiempo que dedican a ver mis vídeos y el apoyo que les dan.

Sin el empujón de Marina, no sé si habría llegado el empujón de Sergi Soliva, mi editor. A él tengo que darle las gracias por la confianza depositada en este libro, por su talento para hacer que crea en mí y, sobre todo, por ponerme las cosas muy fáciles cuando la vida me las estaba poniendo difíciles.

Por último, me siento muy agradecida por la comunidad de divulgadoras y divulgadores que se está generando en las redes sociales. En concreto me gustaría mencionar a tres personas: Deborah García Bello (@deborahciencia), por ser una inspiración y dedicarme tiempo cuando lo he necesitado, a Ignacio Roura (@neuronacho), por ser un gran divulgador y compañero que se ha convertido ya en un amigo, y a Alejandra Sierra (@alejandrasierrapsicologa), por ser no solo una gran divulgadora en salud mental, sino la mejor terapeuta para mí. Con su trabajo ha construido los cimientos de un sistema de valores que me impulsan constantemente a cuidarme, mejorando como persona y divulgadora.

ACERCA DE LA AUTORA

Disfruta convirtiendo lo difícil en fácil, quizás por ello desde que terminó la carrera de Biología, Tamara Pazos Cordal (A Coruña, 1992) se ha volcado en la divulgación. Hizo un máster en Neurociencia y se especializó en el comportamiento humano. Actualmente investiga en su tesis doctoral cómo utilizar la divulgación científica como prevención de riesgos para la salud. A través de talleres, y de su cuenta de Instagram (@Putamen_T, que hace referencia a una parte del cerebro), intenta descifrarnos cómo funciona el cerebro en su conjunto.

Impreso en España